PREFACE 머리말

미용사(메이크업) 필기시험은 메이크업 분야 전반에 대한 기초 이론과 관련 지식을 평가하는 시험으로,

메이크업 이론, 피부학, 공중보건학 등 다양한 내용을 포함하고 있습니다.

본 교재는 이러한 시험 과목의 범위를 바탕으로 핵심 이론을 체계적으로 정리하고, 학습자의 이해를

돕기 위해 구성되었습니다.

각 과목별 주요 개념을 중심으로 내용을 정리하여 학습 흐름을 자연스럽게 파악할 수 있도록 하였으며,

이해도를 점검할 수 있는 문제를 함께 수록하였습니다.

본 교재가 메이크업 분야의 기초 이론을 정리하고 학습하는 데 유용한 자료가 되기를 바랍니다.

집필진 드림

GUIDE 메이크업미용사 시험정보

✅ 기본정보

개요	메이크업에 관한 숙련기능을 가지고 현장업무를 수용할 수 있는 능력을 가진 전문기능인력을 양성하고자 자격제도를 제정
수행직무	특정한 상황과 목적에 맞는 이미지, 캐릭터 창출을 목적으로 이미지분석, 디자인, 메이크업, 뷰티코디네이션, 후속관리 등을 실행함으로써 얼굴·신체를 표현하는 업무 수행
실시기관 홈페이지	http://www.q-net.or.kr
실시기관명	한국산업인력공단
진로 및 전망	메이크업아티스트, 메이크업강사, 화장품 관련 회사, 메이크업 미용업 창업, 고등 기술학교 등

✅ 응시접수

응시자격	제한 없음
원서접수	• 접수방법: 큐넷 홈페이지에서 접수 • 접수시간: 원서접수 첫날 10:00부터 마지막 날 18:00까지
시행방법	• 기간: 상시검정(공고 기간 내 접수) • 방법: CBT 방식 • 장소: 전국 시험장
수수료	• 필기: 14,500원 • 실기: 17,200원

✅ 시험방식

구분	시험과목	문항수	검정방식	시간	합격기준
필기	이미지 연출 및 메이크업 디자인(공중위생관리학, 피부의 이해, 화장품 분류 포함) 등에 관한 사항	60문항	객관식 4지 택일형	60분	100점 만점으로 하여 60점 이상
실기	메이크업 실무	4과제	작업형	2시간 35분 정도	

필기 과목명	주요항목	세부항목
이미지 연출 및 메이크업 디자인	메이크업 위생관리	메이크업의 이해, 메이크업 위생관리, 메이크업 재료·도구 위생관리, 메이크업 작업자 위생관리, 피부의 이해, 화장품 분류
	메이크업 고객 서비스	고객 응대
	메이크업 카운슬링	얼굴특성 파악, 메이크업 디자인 제안
	퍼스널 이미지 제안	퍼스널컬러 파악, 퍼스널 이미지 제안
	메이크업 기초화장품 사용	기초화장품 선택
	베이스 메이크업	피부표현 메이크업, 얼굴윤곽 수정
	색조 메이크업	아이브로우 메이크업, 아이 메이크업, 립&치크 메이크업
	속눈썹 연출	인조속눈썹 디자인, 인조속눈썹 작업
	속눈썹 연장	속눈썹 연장, 속눈썹 리터치
	본식웨딩 메이크업	신랑신부 본식 메이크업, 혼주 메이크업
	응용 메이크업	패션이미지 메이크업 제안, 패션이미지 메이크업
	트렌드 메이크업	트렌드 조사, 트렌드 메이크업, 시대별 메이크업
	미디어 캐릭터 메이크업	미디어 캐릭터 기획, 볼드캡 캐릭터 표현, 연령별 캐릭터 표현, 상처 메이크업
	무대공연 캐릭터 메이크업	작품 캐릭터 개발, 무대공연 캐릭터 메이크업
	공중위생관리	공중보건, 소독, 공중위생관리법규(법, 시행령, 시행규칙)

GUIDE 구성과 특징

Step 01

합격비법 손글씨 핵심요약

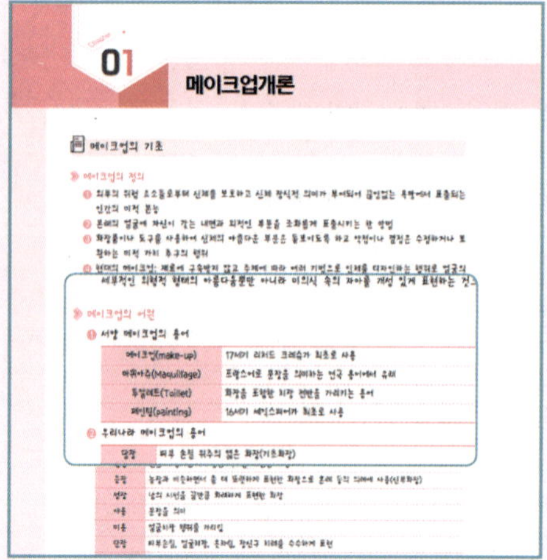

한눈에 정리하는 필수 핵심이론

꼭 알아야 할 중요한 핵심이론만 눈이 편한 손글씨로 정리하였습니다.

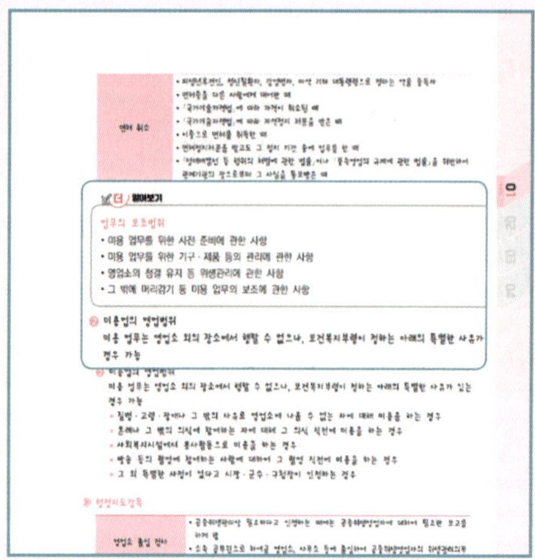

이해를 넓히는 보충 설명 & 실전 Tip

더 알아보기와 Tip을 통해 문제해결력을 높이고 학습효과를 극대화할 수 있습니다.

Step 02

8개년 CBT 기출복원문제

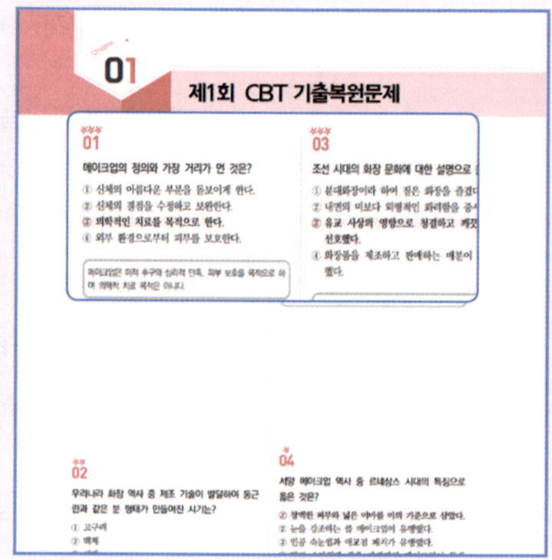

출제 경향을 읽는 최신 CBT 기출 분석

2018년~2025년까지 총 8개년 CBT 기출복원 문제를 통해 기출 유형 및 출제 경향을 정확하게 파악할 수 있습니다.

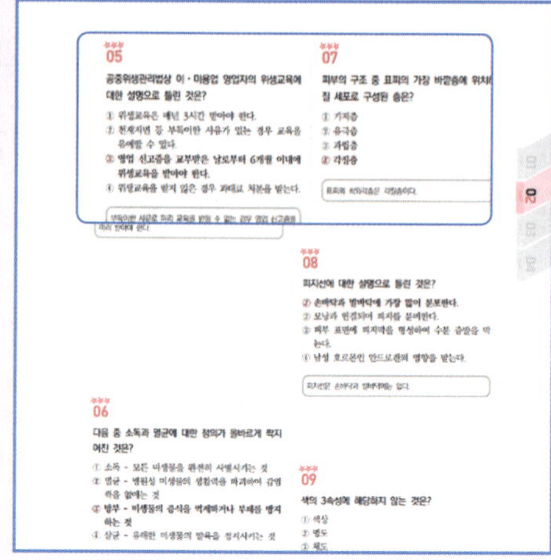

빈출중요도 표시로 효율적인 학습

문항별 빈출중요도 표시와 명확한 해설로 능률적인 학습이 가능합니다.

파이널 CBT 실전모의고사

최빈출 실전 60제

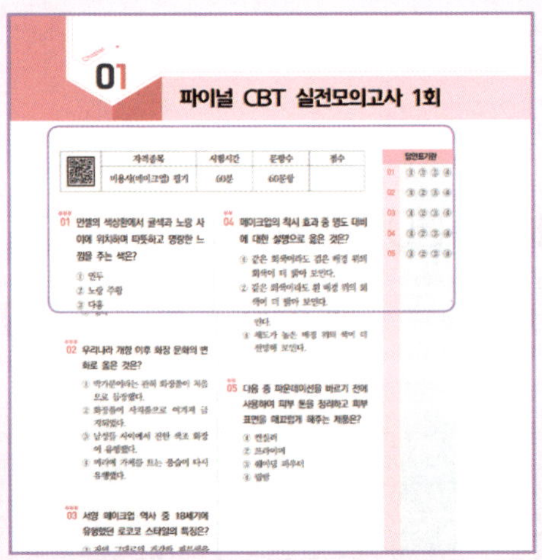

실전과 동일한 CBT 모의고사 구성

실제 시험과 동일한 유형의 실전모의고사로 실전 감각을 완성할 수 있습니다.

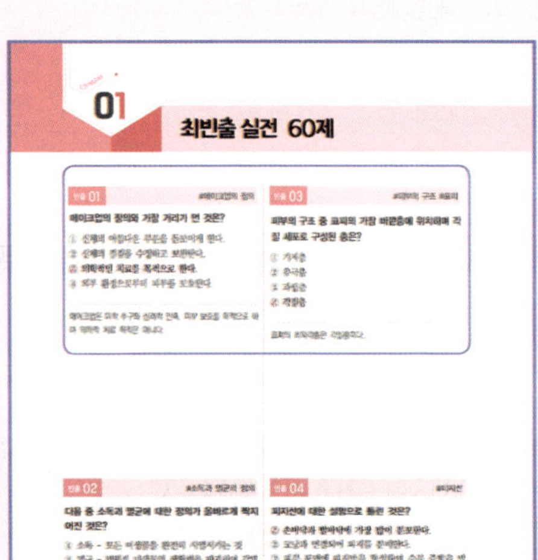

합격을 좌우하는 최빈출 문제 압축 정리

출제 빈도가 높은 최빈출 60문제로 합격을 위한 핵심 정리를 완성할 수 있습니다.

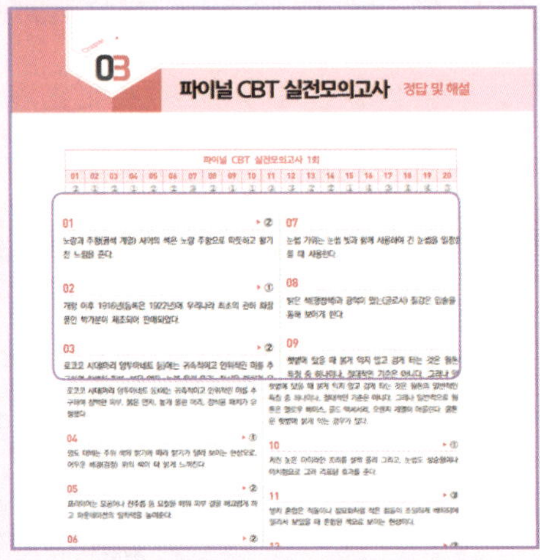

핵심을 짚는 문제해결 중심 해설

핵심만 정확히 짚어주는 해설로 문제해결 스킬을 향상시킬 수 있습니다.

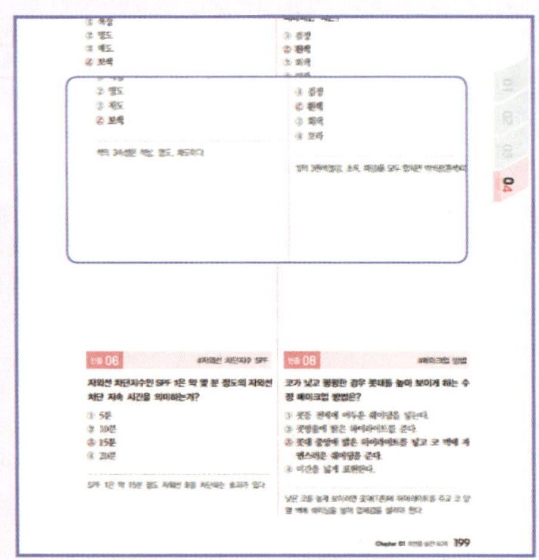

시험 직전 빠른 최종 점검 시스템

간단한 해설과 한눈에 보이는 정답으로 시험 직전 빠른 최종 점검이 가능합니다.

CONTENTS 목차

FAQ

 시험 합격 기준은 어떻게 되나요?

필기와 실기 모두 100점 만점 기준 60점 이상이면 합격입니다. A

 필기시험은 어떤 방식으로 진행되나요?

필기시험은 CBT(Computer Based Test) 방식으로 진행되며, 시험장에서 컴퓨터로 문제를 풀고 시험 종료 후 바로 결과 확인이 가능합니다. A

 필기시험 합격 후 실기시험은 언제까지 응시할 수 있나요?

필기시험 합격 후 2년 동안 실기시험에 응시할 수 있습니다. A

 시험은 어디에서 접수하나요?

시험 접수는 한국산업인력공단 Q-Net 홈페이지에서 할 수 있습니다. A

 비전공자도 합격할 수 있나요?

네, 가능합니다. 기출문제 중심으로 반복 학습하면 비전공자도 충분히 합격할 수 있습니다. A

 자격증 취득 후 진로는 어떻게 되나요?

자격증 취득 후 메이크업아티스트, 메이크업강사, 화장품 관련 회사, 뷰티샵 취업 및 창업, 프리랜서 등으로 활동할 수 있습니다. A

PART 01

합격비법 손글씨 핵심요약

메이크업개론

메이크업의 기초

메이크업의 정의

① 외부의 위험 요소들로부터 신체를 보호하고 신체 장식적 의미가 부여되어 끊임없는 욕망에서 표출되는 인간의 미적 본능
② 본래의 얼굴에 자신이 갖는 내면과 외적인 부분을 조화롭게 표출시키는 한 방법
③ 화장품이나 도구를 사용하여 신체의 아름다운 부분은 돋보이도록 하고 약점이나 결점은 수정하거나 보완하는 미적 가치 추구의 행위
④ 현대의 메이크업: 재료에 구속받지 않고 주제에 따라 여러 기법으로 인체를 디자인하는 행위로 얼굴의 세부적인 외형적 형태의 아름다움뿐만 아니라 미의식 속의 자아를 개성 있게 표현하는 것으로 정의

메이크업의 어원

① 서양 메이크업의 용어

메이크업(make-up)	17세기 리처드 크레슈가 최초로 사용
마뀌아쥬(Maquillage)	프랑스어로 분장을 의미하는 연극 용어에서 유래
투알레트(Toillet)	화장을 포함한 치장 전반을 가리키는 용어
페인팅(painting)	16세기 셰익스피어가 최초로 사용

② 우리나라 메이크업의 용어

담장	피부 손질 위주의 엷은 화장(기초화장)
농장	담장보다 짙은 화장(색채화장)
염장	짙은 화장이면서 요염한 색채를 표현한 화장
응장	농장과 비슷하면서 좀 더 또렷하게 표현한 화장으로 혼례 등의 의례에 사용(신부화장)
성장	남의 시선을 끌만큼 화려하게 표현한 화장
야용	분장을 의미
미용	얼굴치장 행위를 가리킴
단장	피부손질, 얼굴치장, 옷차림, 장신구 치레를 수수하게 표현
장식	피부손질, 얼굴치장, 옷차림, 장신구 치레를 화려하게 표현
지분	연지와 백분의 약자
분대	백분과 눈썹먹
장렴	화장품과 화장도구

메이크업의 목적

❶ 메이크업의 기본 목적
- 외부의 먼지나 자외선, 대기오염 및 온도 변화로부터 피부를 보호
- 현대의 미용적인 측면에서 메이크업의 목적은 다양한 화장품을 사용하여 피부 손질을 하고 얼굴 모양을 다듬어서 아름답게 꾸미는 것

❷ 메이크업의 4대 목적

본능적인 목적	성적 매력을 표현하는 수단으로 사용
실용적인 목적	같은 종족임을 표시하는 수단으로 사용
신앙적인 목적	종교적 의미에서 시작해 메이크업으로 변천
표시적인 목적	특별한 상황을 표시하기 위한 목적으로 사용

메이크업의 기능

보호의 기능	피부 보호의 목적으로 외부의 먼지나 자외선, 대기오염, 온도 등의 변화로부터 피부를 보호하는 기능
미화의 기능	메이크업 제품으로 자신의 얼굴의 장점을 부각시키고 결점을 보완하여 아름다움을 추구
사회적 기능	자신이 사회에서 갖는 지위, 직업, 신분을 표시하는 사회적인 관습
심리적 기능	외모에 자신감을 부여함으로써 심리적으로 능동적이고 적극적인 자신감을 가지게 됨으로써 긍정적 효과를 기대

메이크업의 기원

미화설	타인에게 자신의 신체를 아름답게 보이게 하거나 우월성을 표현하기 위해 사용했다는 학설
보호설	자기 자신을 어떤 위험으로부터 보호, 위장하기 위한 치장이 미화의 수단으로 발전했다는 학설
위장설	원시 고대인들이 새의 깃털이나 짐승의 뿔 혹은 식물의 색소 등으로 위장하여 전투에서 적을 위협하거나 은폐하는 목적으로 사용했다는 학설
신분표시설	개인의 계급, 신분, 부족의 우월성의 수단으로 사용했다는 학설
장식설	• 인류 최초의 화장의 목적은 장식이라는 학설이 지배적 • 원시시대 인간은 옷을 입기 전에 나체 상태에서 피부에 그림을 그려 넣거나 조각, 문신, 회화를 새겼는데, 이것을 화장의 시초로 보는 학설
종교설	주술적, 종교적 행위로서 색상을 부여하거나 향을 이용하여 병이나 재앙을 물리치고 신에게 경배하기 위한 수단으로 이용했다는 학설

이집트	• 고대 미용의 발상지 • 서양에서 최초로 화장을 시작 • 헤나, 콜, 식물색소, 가발 사용
그리스	• 일반 여성들은 피부 손질 외에는 거의 메이크업을 하지 않음 • 헷타이라라고 불리는 무희나 악기를 다루는 계급의 여성은 이집트의 화장술을 전수 받아 더욱 체계화하여 발전
로마	• 청결, 목욕문화 • 백납분(권위 상징)
르네상스	• 문예부흥운동으로 연극분장과 의상이 함께 발달 • 영국의 엘리자베스 1세 때에는 남녀 모두가 화장품을 사용
바로크시대	• 화려한 의상에 농후한 화장으로 분, 립스틱 등을 많이 발라 두껍게 화장 • 향수, 패치의 사용
1910년대	• 아르누보가 등장 • 오리엔탈의 영향으로 선에 대한 표현과 강렬한 색조가 등장 • 제 1차 세계대전 이후 미용은 토탈 개념으로 전개
1940~50년대	• 크림형 및 액체형 파운데이션 개발 • 리필형 립스틱 성공 • 1949년 사슴 눈 모습의 아이 메이크업 유행 • 1950년대 중반: 만다랑식 메이크업 유행 • 마릴린 먼로(요염), 오드리 햅번(요정), 그레이스켈리(귀족적), 브리짓드 브르도(자연스럽고 건강한 야성미) 등이 유행을 선도
1960년대	• 히피문화 등장 • 영국의 모델 '트위기'의 화장법 유행
1970년대	• 라이트 파운데이션 등장, 눈썹 형태도 더욱 자연스러워짐 • 토털코디네이션 등장 • 펑크아트가 유행 주류
1980년대	• 두꺼운 눈썹, 진한 입술, 펄이 들어가 있는 색상을 사용한 화려한 메이크업이 유행 • 후반에는 건강한 피부를 선호, 자연스럽고 청순한 이미지의 메이크업이 유행
1990년대	• 다양한 스타일이 공존, 화려한 메이크업에서 내추럴 메이크업까지 TPO에 따라 적절히 표현 • 후반에는 세기말 미래에 대한 동경과 두려움이 반영되며 펄과 글리터를 이용한 미래주의적인 메이크업 유행

고대	• 돼지기름: 피부를 부드럽게 하여 동상 예방 • 오줌: 피부 미백 및 보습
고구려	머리에 관을 쓰고 뺨과 입술에 연지화장
고려	• 분대화장: 기생을 중심으로 한 짙은 화장 • 비분대화장: 여염집 여성들(일반 여성들)의 엷은 화장
조선	• 여염집 여성들의 생활화장과 기생, 궁녀의 분대화장이 더욱 뚜렷 • 여염집 여성들의 생활화장도 평상시의 청결위주와 혼인, 연회, 외출 시의 화장으로 세분 • 매분구: 화장품 행상 • 보염서: 궁중의 화장품 생산을 전담 관청
1900~ 1930년대	• 수입화장품에 의존 • 1922년: 박가분이 정식으로 제조 허가
1940년대	현대식 화장법이 도입
1960년대	• 국산 화장품 생산이 본격화 • 색채화장법이 시작
1970년대	• 입체 화장이 생활화 • 토털코디네이션 등장 • 부분화장 강조
1990년대	기능성 화장품(미백, 주름개선) 대중화

📑 화장품의 기능과 종류

◈ 메이크업 베이스의 기능

① 피부에 보호막을 형성하여 파운데이션 및 색조화장으로부터 피부 보호
② 파운데이션의 표현 효과 상승 및 마찰력을 높여줌
③ 피부색 보정
④ 메이크업의 지속 시간을 높여줌

◈ 프라이머의 기능

① 피부 위의 미세한 요철을 매워 실크처럼 매끈한 피부를 만들어 줌
② 과다한 피지 분비를 막아 도자기 같은 피부 연출해 줌
③ 피부의 결을 컨트롤하여 매끈한 텍스처를 표현할 수 있도록 해줌

◈ 파운데이션의 기능

① 피부색을 일정하게 조절하며 아름답고 자연스러운 피부색을 표현할 수 있음
② 기미, 주근깨, 잡티 등을 커버해 포인트 메이크업을 돋보이게 해줌

❸ 자외선, 온도변화, 공해, 먼지, 바람 등으로부터 피부를 보호해 줌
❹ 색상이 다른 파운데이션을 하이라이트와 셰이딩으로 나누어 발라줌으로써 얼굴의 윤곽을 수정해주며 입체적 메이크업으로 완성할 수 있음

☑️ 더 알아보기

파운데이션의 기본 3컬러
- 베이스 컬러: 얼굴 전체에 도포하는 컬러로 모델의 피부색과 거의 같거나 한 단계 밝아도 무방, 주로 귀 뒤나 목덜미에 제품 컬러를 테스트하여 선택
- 셰이딩 컬러: 베이스 컬러보다 1~2단계 어두운 컬러로 코의 측면, 각진 턱, 넓은 이마 등에 사용하여 수축, 후퇴, 축소되어 보이는 효과
- 하이라이트 컬러: 베이스 컬러보다 1~2단계 밝은 컬러로 T존 부위, 눈 밑, 턱(입술 밑), 야윈 뺨 등에 사용하여 팽창, 확대되어 보이는 효과

파우더의 기능

❶ 파운데이션 도포 후 번들거림을 방지하여 메이크업을 오래 지속함
❷ 차분하고 자연스러운 피부색을 표현해 줌
❸ 난반사 효과를 지니고 있어 자외선으로부터 피부 보호

컨실러

❶ 커버스틱이라고도 하며, 파운데이션을 바르기 전에 심한 잡티나 점 부위에 부분적으로 바름
❷ 커버력이 우수하여 잡티(또는 흉터)의 커버에 용이

아이라이너의 형태별 특징

펜슬 타입	• 자연스러운 분위기가 연출되며, 그리기가 쉬우므로 초보자에게 적합 • 정교한 아이라인 연출이 어려움 • 쉽게 번지거나 지워짐
리퀴드 타입	• 선명한 눈매를 만들 수 있으며 번지지 않고 오래 지속 • 내수성, 방수성, 부착성이 우수 • 시술 후 수정이 어렵고 쉽게 번지거나 지워지지 않음

마스카라의 형태별 분류

컬링 마스카라	하드한 느낌을 주는 원료를 사용하며, 속눈썹의 컬을 잘 살림
볼륨 마스카라	내용물이 많이 발려져 속눈썹이 풍부해 보임
롱래쉬 마스카라	섬유소가 들어있어 속눈썹이 길어 보이는 효과
워터프루프 마스카라	건조가 빠르고 내수성이 좋아 여름철에 사용하기 적합

▶ 립 메이크업의 종류별 특징

립스틱	• 스틱상태로 되어 있거나 용기에 담겨져 있어 가장 일반적인 형태로 색상, 질감이 다양 • 발색도가 진하므로 립 브러시를 이용하여 입술 모양을 수정 보완하여 새로운 이미지를 연출하고 얼굴에 생기와 아름다움을 나타냄
립글로스	• 입술을 윤기 있고 촉촉하게 해주는 역할 • 색상은 아주 연하거나 무색, 투명한 경우가 많으므로 립스틱 위에 덧발라 주어 윤기 있는 느낌을 주며, 은은하고 자연스러운 메이크업을 원할 때 사용
립라이너	• 펜슬 타입으로 입술 선을 선명하게 표현해 주며 입술화장이 번지지 않게 오래 지속시켜 주는 역할 • 입술 모양을 수정 및 보완
립코트	립스틱 위에 발라서 립스틱의 지속력을 증대시켜주는 역할
립틴트	고체인 립스틱과 달리 액체 형태로 립스틱에 비해 자연스럽고 발색력이 우수
립밤	• 바셀린 성분이 많이 들어있어 입술 케어용으로 많이 사용 • 자연스러운 색상과 펄을 함유하고 있음

▶ 블러셔의 기능

❶ 피부에 혈색의 주어서 여성스러움을 강조해 주고 건강한 이미지를 부여

❷ 얼굴형을 수정하여 개성을 연출할 수 있음

▶ 블러셔의 색상별 분류

핑크	귀여운 느낌	오렌지	강하고 발랄한 느낌
브라운	세련되고 차분하며 지적인 느낌	로즈	여성스러우며 화사한 느낌

▶ 메이크업 기본 도구

❶ 스펀지

- 용도: 파운데이션을 펴 바를 때 사용하는 도구
- 기능: 파운데이션이 뭉치지 않게 고루 펴주는 역할
- 사용 방법: 코 측면, 얼굴라인, 눈 밑 등 좁은 부위는 삼각형 또는 사각형 스펀지 사용
- 종류

종류	특징
라텍스 스펀지	• 원료: 천연 생고무 • 사용 후 세척이 불가능하고 가위로 잘라서 사용
합성 스펀지	• 원료: 석유화학에서 얻은 인조원료 • 유수분의 흡수력은 떨어지나 탄력성이 우수하여 형태 보존력이 좋고 저렴한 가격대로 쉽게 구입 • 사용 후에는 비눗물에 세척하여 사용
해면 스펀지	• 천연 스펀지를 물에 담그면 부드러워져 주로 팬케이크 사용 시 편리 • 사용 후에는 세척하여 건조한 후 사용

❷ 퍼프

　면 또는 합성섬유 소재로, 파우더를 눌러 바를 때 사용

❸ 브러시

- 용도: 포인트 메이크업 시 필수 도구로, 아이섀도를 바르거나 볼연지를 할 때 혹은 립스틱을 바를 때 사용

- 종류

파운데이션 브러시	• 파운데이션을 슬라이딩 기법으로 얇게 펴 바를 때 사용 • 얇고 윤기 있는 피부 표현을 위해서는 탄성이 좋고 적당한 길이를 선택하는 것이 좋음
파우더 브러시	• 숱이 많고 부드러운 컬이 좋음 • 얼굴 전체에 파우더를 바를 때, 파우더를 털어낼 때, 메이크업 후 피니시 파우더를 펴 바를 때 사용
팬 브러시	• 파우더나 아이섀도를 바른 후 세심하고 좁은 부위에 묻은 파우더를 털어낼 때 사용 • 부채꼴의 빳빳한 털을 사용하는 것이 좋음
치크 브러시	• 블러셔를 할 때 사용 • 넓은 면을 자연스럽게 펴 바르는 역할 • 피부에 부담을 주지 않는 부드러운 털이어야 하며 털의 숱이 적당히 많을수록 자연스러운 볼터치를 표현
아이브로 브러시	• 눈썹을 자연스럽게 그리고자 할 때 사용 • 아이섀도를 묻혀 눈썹에 그리는 용도로 사용되므로 아이브로 브러시는 폭이 좁고 탄력성이 좋아야 함
아이섀도 베이스 브러시	• 아이섀도를 넓게 펴 바를 때 사용 • 납작하고 넓으며, 숱이 많고, 끝이 둥근 것이 좋음
아이섀도 포인트 브러시	• 아이섀도 포인트 부분을 칠할 때 사용 • 브러시 폭이 좁고, 털이 부드러우며 탄력이 있어야 섬세한 표현이 가능
아이라이너 브러시	• 가장 가는 브러시로 아이라인을 그릴 때 사용 • 브러시의 털이 흐트러짐이 없이 가늘고 탄력이 좋아야 아이라인을 선명하게 그릴 수 있음
스크루 브러시	• 마스카라를 바른 후 엉켜 붙은 속눈썹을 빗거나 눈썹을 빗어줄 때 사용 • 털에 힘이 있는 것이 좋음
아이브러시와 콤	• 아이브러시는 눈썹을 가지런히 정리하는 데 사용 • 콤은 눈썹을 다듬을 경우 빗어서 눈썹 길이를 체크하는 데 사용
팁 브러시	• 강한 포인트 색을 바를 때 사용 • 팁의 재질은 면이나 밍크가 있으며 물 세척이 가능
립 브러시	• 립스틱을 바를 때 사용 • 깔끔한 립 라인과 구각처리를 위하여 털끝이 모아져 있고 탄력과 힘이 있는 브러시가 적합

📋 메이크업 작업자 위생관리

▶ 메이크업 작업자 개인 위생관리

① 복장 및 손 상태 점검
- 메이크업 작업에 적합한 헤어스타일로 연출
- 화장을 자연스럽게 표현
- 손을 위생적으로 소독
- 복장을 단정하고 청결하게 갖춰 입음

② 소독제와 방부제 사용 시 주의사항을 숙지
- 작업하기 전에 손을 씻고 위생적으로 함
- 작업 전에 작업 공간과 그 밖의 공간을 깨끗하고 위생적으로 함
- 용기에서 제품을 덜어서 쓸 때에는 스파츌라를 사용하고 한 번 덜어낸 것은 다시 용기 안에 넣지 않음
- 작업을 마치고 난 뒤에 재사용할 수 있는 모든 물건이나 작업 공간을 위생적으로 처리
- 방부제와 소독제를 항상 봉하고 안전한 장소에 보관

③ 손 위생 관리법을 숙지
- 손 씻는 방법을 숙지하여 개인위생을 관리
- 메이크업 작업 전후, 화장실 사용 후에는 항상 손을 깨끗하게 씻고 소독
- 손톱의 길이와 손톱 주변의 정리 상태를 점검
- 손의 상처 또는 위생 상태를 점검

④ 구강을 청결하게 관리
- 단시간에 구강 건강과 냄새 제거에 도움이 되며 칫솔이 닿지 않는 곳까지 세척이 가능한 가글 제품을 사용
- 고객 응대 5분 전에 미리 양치 및 가글을 함
- 양치 공간이 없는 곳에서는 휴대용 스프레이형 가글을 사용

얼굴 특성 파악

얼굴균형도

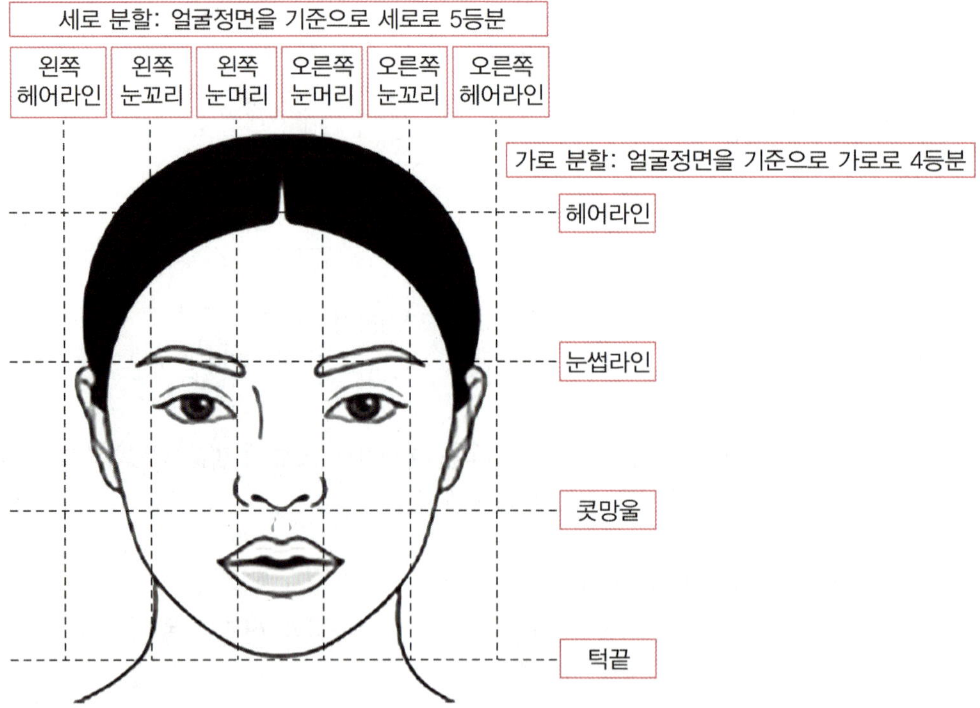

눈썹

1. 이상적인 위치: 이마에서 1/3지점
2. 눈썹의 길이: 45도 각도로 콧망울에서 눈꼬리를 지나는 연장선과 만나는 지점
3. 눈썹의 명칭
   - 눈썹머리: 얼굴 가운데 쪽의 눈썹이 시작되는 부분
   - 눈썹꼬리: 눈썹 끝부분
   - 눈썹산: 눈썹의 가장 높은 부분

이상적인 입술의 비율

윗입술 : 아랫입술 = 1 : 1.5

얼굴 부위별 명칭

헤어라인	• 부위: 귀의 위에서 이마 쪽으로 머리카락이 난 부분 • 화장법: 파운데이션이나 파우더를 소량 발라서 경계가 생기지 않도록 함
T존	• 부위: 이마에서 콧대를 연결하는 부분 • 화장법: 하이라이트를 주어 얼굴을 화사하게 표현

V(U)존	• 부위: 양쪽 입꼬리 주변에서 턱으로 연결되는 부위 • 화장법: 피부의 움직임과 잔주름이 많아서 파운데이션을 소량 얇게 펴 바르고, 하이라이트를 주어 얼굴을 밝게 표현
Y존	• 부위: 눈 밑, 광대뼈 위의 Y모양의 부위 • 화장법: 피부의 움직임과 잔주름이 많아서 파운데이션을 소량 얇게 펴 바르고, 하이라이트를 주어 얼굴을 밝게 표현
S존	• 부위: 귓불에서 턱선을 따라 입꼬리로 향하는 부위 • 화장법: 셰이딩이나 하이라이트를 주어 얼굴의 윤곽 수정
O존	• 부위: 눈 주위, 입 주위 • 화장법: 피하지방이 적어 주름이 쉽게 생기는 부위로 두꺼운 피부표현 시 부자연스럽고 무거워 보이지 않게 주의

얼굴형별 셰이딩 및 하이라이트

구분	셰이딩	하이라이트
둥근 얼굴형	양쪽 측면	T존 부위
각진 얼굴형	양쪽 이마, 턱뼈	T존 부위
다이아몬드 얼굴형	광대뼈, 턱 끝	양쪽 이마, 양쪽 볼, 턱선
역삼각 얼굴형	양쪽 이마, 턱 끝	양쪽 볼
긴 얼굴형	이마, 턱 끝	양쪽 볼

피부에 따른 크림 선택 방법

피부 타입 / 상태	추천 베이스
붉은 피부, 잡티 많은 피부, 지성 피부	끈적거림이 없는 연녹색의 메이크업 베이스 크림
창백한 피부, 흰 피부, 매끈한 피부, 건성 피부	보습성분을 함유하고 있는 핑크색의 에센스 타입 메이크업 베이스 크림
건강한 이미지의 까무잡잡한 피부를 원하는 여름철의 경우	시원한 젤 타입의 오렌지 계열 메이크업 베이스 크림

기본 메이크업 기법

파운데이션 바르는 기법

❶ 선긋기 기법: 콧대 옆부분에 셰이딩을 넣는 기법
❷ 패일 기법: 기미나 잡티가 있는 부분을 가볍게 두드리는 기법
❸ 슬라이딩 기법: 얼굴을 전체적으로 문지르듯 바르는 기법
❹ 블렌딩 기법: 서로 다른 색의 파운데이션들이 경계지지 않도록 하는 기법
❺ 페더링 기법: 그려진 선이 자연스러워 보이도록 하는 기법
❻ 에어브러시 기법: 에어브러시 건을 이용하여 파운데이션을 바르는 기법

❯❯ 얼굴윤곽 메이크업

베이스	• 피부 톤과 같은 계열의 색을 선정하여 얼굴 전체에 발라줌
하이라이트	• 팽창, 확대, 진출되는 느낌의 색상 사용 • 피부 톤보다 1~2톤 밝은 파운데이션을 T존, V존 부위에 사용
셰이딩	• 수축, 후퇴색의 느낌의 색상 사용 • 베이스 톤의 파운데이션보다 2~3톤 어두운 파운데이션을 S존 부분의 볼이나 줄어들어 보이고 싶은 부위 혹은 얼굴형 중 마음에 들지 않게 튀어나와 보이는 부위(턱뼈, 광대뼈, 넓은 미간 등)를 커버할 때 사용

❯❯ 눈썹의 형태에 따른 이미지

각진 눈썹	• 사무적인 딱딱한 이미지 • 현대적 세련미와 지적 이미지
아치형 눈썹	• 부드럽고 여성적이며 고전적인 이미지
직선형 눈썹	• 남성적이고 활동적인 이미지
꼬리가 처진 눈썹	• 부드럽고 온화한 이미지 • 어리숙함을 보여주어 희극적인 이미지
꼬리가 올라간 눈썹	• 생동감 있어 보이고 날카로워 보임 • 섹시한 이미지
짙은 눈썹	• 강하고 활동적인 이미지 • 여성미는 다소 결여
흐린 눈썹	• 온화함, 여성스러움, 온순해 보임 • 자칫 병약해 보일 수 있음
양미간 사이가 좁은 눈썹	• 지적이고 세련된 이미지 • 다소 답답하고 소심해 보임
양미간 사이가 넓은 눈썹	• 부드럽고 온화하며 너그러운 이미지 • 지루해 보이고 나태해 보임

❯❯ 눈썹 꼬리 그릴 때의 유의사항

❶ 눈썹길이는 눈길이보다 길게 그림
❷ 눈썹 앞머리와 눈썹꼬리는 거의 일직선상에 위치
❸ 눈썹 앞머리는 자연스럽게 처리하고 끝부분으로 갈수록 깔끔하게 음영 표현

➤ 아이섀도의 부위별 화장법

메인 컬러	• 아이섀도 전체 분위기를 내는 색 • 전체 이미지에 맞게 눈 중앙 부분에 은은하게 펴 바름
섀도 컬러	눈 위에 자연스러운 음영을 주어서 깊이 있는 눈매 연출
포인트 컬러	• 선명한 눈매 표현 • 짙은 계열의 아이섀도를 선택해 쌍커풀 라인을 중심으로 표현
언더 컬러	• 눈동자 아래 부분에 선 느낌을 깨끗하게 표현 • 보통 포인트 컬러를 언더 컬러로 사용
하이라이트 컬러	• 눈썹뼈 부위에 밝은 톤(흰색, 아이보리, 연핑크, 펄 등)을 발라주어 팽창 효과 • 눈썹뼈 부위를 밝게 처리하면 상대적으로 눈매는 더욱 깊이감을 주고, 아이브로도 깔끔한 느낌

➤ 아이라인의 목적

1. 선명하고 또렷한 눈 모양 표현
2. 속눈썹을 풍성하게 표현
3. 작은 눈을 커 보이게 함
4. 눈꼬리가 처지거나 올라갔을 때 수정의 역할을 함

➤ 눈 모양에 따른 아이라인 기법

쌍꺼풀이 없는 눈	• 위, 아래 라인을 약간 굵게 그려줌 • 눈꼬리 부분은 위의 라인과 아래 라인이 만나지 않게 열어줌
쌍꺼풀이 있는 눈	• 속눈썹에 가깝게 가늘게 그려줌(라인이 강하면 인상이 사나워 보임) • 언더라인은 약간만 표현
지방이 있는 두툼한 눈	• 눈앞머리부터 꼬리까지 전체적으로 그려줌 • 눈꼬리 부분은 굵게 그려줌
눈꼬리가 올라간 눈	• 윗 라인은 가늘게 그려줌 • 언더라인은 눈꼬리에서 시작하여 1/3 채워서 두껍게 강조
눈꼬리가 내려간 눈	• 윗 라인은 꼬리 부분을 살짝 올려서 두껍게 채움 • 언더라인은 생략하거나 은은하게 그려줌
동그란 눈	• 눈동자 중간 부분은 생략 • 눈 앞머리와 꼬리 부분만 살짝 그려줌
가늘고 긴 눈	• 눈동자 중앙 부분을 도톰하게 그려줌 • 눈머리와 눈꼬리 부분을 자연스럽게 그려주면 눈이 동그랗고 훨씬 생기 있어 보임

❥ 립라인의 유형 및 특징

아웃커브	• 매혹적이고 관능적인 이미지 • 하관이 넓은 경우 줄어들어 보이는 효과 • 원래 입술 라인보다 1~2mm 넓게 그려줌
스트레이트형	• 샤프하면서 지적인 이미지 • 단정한 유니폼을 착용할 때 어울리는 모양
인커브	• 귀엽고 여성스러운 이미지 • 원래의 입술 라인보다 1~2mm 정도 안쪽으로 그려줌

❥ 립 메이크업 순서

입술 모양 수정	• 립스틱을 바르기 전 입술 모양의 수정이 필요한 경우 파운데이션을 이용하여 원래의 입술 라인을 최대한 깨끗하게 커버해 줌 • 유분기를 없애기 위해 파우더를 눌러서 바름
윗입술 그리기	윗입술 중앙부터 시작하여 좌우 대칭이 맞게 입술산을 그린 다음 양 끝부분을 향해 그림
아랫입술 그리기	아랫입술도 중앙부터 그려서 중심을 잡은 후 양 끝부분을 향해 그려줌
입꼬리 그리기	입술을 벌려서 윗입술과 아랫입술의 구각 부위를 연결해 줌
마무리	립스틱의 지속력을 위해 티슈로 유분기를 제거한 후 파우더를 한번 덧바르고 다시 한번 더 립스틱을 발라줌

❥ 블러셔의 형태별 이미지

귀여운 이미지	위치가 볼 쪽으로 가까울수록, 모양이 둥글수록 큐트한 이미지가 나타남
성숙한 이미지	• 위치가 뺨 뒤쪽으로 갈수록 성숙미가 느껴짐 • 관자놀이에서 시작하여 구각을 향해 세로 느낌을 강하게 넣을 경우 성숙해 보임
지적인 이미지	• 볼뼈 위쪽: 하이라이트를 표현 • 볼뼈 아래 움푹 패인 곳: 셰이딩을 넣어 줌

❥ 얼굴형에 따른 블러셔 방향

둥근 얼굴형	볼뼈 윗부분에서 입꼬리 끝을 향해 사선으로 세로 느낌이 나도록 표현
긴 얼굴형	볼 부분에서 바깥쪽을 향해 가로 느낌이 나도록 표현
역삼각 얼굴형	파스텔 톤의 부드럽고 화사한 색을 이용하여 광대뼈 윗부분에서 블러셔를 표현
다이아몬드 얼굴형	광대뼈 부위를 살짝 감싸듯이 둥글고 부드럽게 표현
사각 얼굴형	볼뼈 아랫부분에서부터 둥근 느낌이 나게 길게 넣어주고 각이 진 턱선과 양쪽 이마 부분에 약간 짙은 색상으로 블러셔 표현

색채와 메이크업

색과 색채의 비교

구분	색	색채
현상	물리적 현상	물리적, 생리적, 심리적 현상
색	유채색 + 무채색	유채색

색깔별 파장 범위

보라	380~450nm	노랑	570~590nm
파랑	450~495nm	주황	590~620nm
초록	495~570nm	빨강	620~780nm

색의 3속성

1. 색상: 감각에 따라 식별되는 색의 종류
2. 명도: 색의 밝고 어두운 정도
3. 채도: 색의 맑고 탁한 정도

먼셀의 5가지 기본 색상

빨강(R), 노랑(Y), 녹색(G), 파랑(B), 보라(P)

먼셀의 색채 표기법

H V/C (H: 색상, V: 명도, C: 채도)

색의 지각원리

푸르킨예 현상	주위 밝기의 변화에 따라 물체에 대한 색의 명도가 변화되어 보이는 현상
명순응	어두운 곳에서 밝은 곳으로 나오면 처음에는 눈이 부시지만, 차츰 사물이 보이게 되는 현상
암순응	밝은 곳에서 어두운 곳으로 이동했을 경우 눈이 어두움에 익숙해지는 상태
연색성	동일한 물체색도 조명에 따라 색이 달라져 보이는 현상
조건등색 (메타메리즘)	두 가지의 물체색이 다르더라도 특수한 조명 아래에서는 같은 색으로 느껴지는 현상
컬러 어피어런스	어떤 색채가 서로 다른 환경(매체, 주변색, 광원, 조도 등)하에서 관찰될 때 다르게 보이는 현상
항상성	조명의 강도가 바뀌어도 물체 색을 동일하게 지각하는 현상

문·스펜서의 색채조화론

1. 색의 3속성에 따라 오메가 공간이라는 색입체를 만들고, 색채조화의 정도를 정량적으로 설명한 색채조화론
2. 색채조화의 기하학적 표현과 면적에 따른 색채조화론 주장
3. 조화이론

조화	• 배색관계가 명쾌하고, 색의 조합이 간단 • 동등 조화, 유사 조화, 대비 조화
부조화	• 배색 관계에서 색 차이가 생겨 불쾌하게 보임 • 제1부조화, 제2부조화, 눈부심

4. 미도(M)
   - 배색의 아름다움을 계산을 통해 수치적으로 표현
   - 미도(M) = 질서성의 요소(O) / 복잡성의 요소(C)
   - 미도(M)이 0.5 이상이며 좋은 배색
   - 동일 명도의 배색은 일반적으로 미도가 낮음
   - 색상과 채도를 일정하게 하고 명도만 변화시키는 경우 많은 색상을 사용하는 것보다 미도가 높음

먼셀의 색채조화론

1. 균형의 원리가 색채조화의 기본
2. 무채색의 평균 명도가 N5(균형의 중심점)가 될 때 배색은 조화로움
3. 중간채도(/5)의 보색을 같은 넓이로 배색하면 조화로움
4. 중간명도(5/)의 채도가 다른 반대색끼리는 고채도는 좁게, 저채도는 넓게 배색하면 조화로움
5. 채도가 같고 명도가 다른 반대색끼리는 명도의 단계를 일정하게 조절하면 조화로움
6. 명도, 채도가 다른 경우 명도가 일정한 간격으로 변하면 조화로움

저드의 조화론

질서의 원리	색채의 요소가 규칙적으로 선택된 색들끼리 잘 조화됨
유사성의 원리	배색에 사용되는 색채 상호간에 공통되는 성질이 있어야 조화로움
명료성 (비모호성)의 원리	• 두 색 이상의 배색에 있어서 모호함이 없는 명료한 배색이 조화로움 • 색상, 명도, 면적의 차가 분명한 배색이 조화로움
친밀성의 원리	• 관찰자에게 잘 알려져 있어 친근하게 느끼는 색상의 배색은 조화로움 • 자연경관처럼 사람들에게 잘 알려진 색은 조화로움 • 가장 가까운 색채끼리의 배색은 보는 사람에게 친근감을 주며 조화를 느끼게 함

슈브뢸의 색채조화론

색의 3속성 개념을 바탕으로 구성된 색상환에 따라 색의 조화를 유사조화와 대비조화로 구분한 이론으로,
정량적 색채조화론에 해당

- 유사조화: 자연에서 쉽게 찾을 수 있고, 온화함이 있지만 때로는 단조로움을 줌
- 대비조화: 강력하고 화려함이 있지만 지나칠 경우 난잡함과 혼란을 주는 디자인 원리

배색의 조건

1. 사물의 용도나 기능에 부합한 지 고려
2. 색이 주는 심리적 효과를 고려
3. 사용자의 특성에 맞춤
4. 환경적 요인을 충분히 고려

색채조화의 공통원리

질서의 원리	체계적으로 선택된 두 가지 이상의 색 사이에는 어떤 규칙적인 질서가 있을 경우에 조화로움
유사의 원리	색채 상호간에 공통적인 요소가 존재할 때 그 배색은 조화로움
명료성의 원리 (비모호성의 원리)	• 두 색 이상의 배색에 있어서 모호함이 없는 명료한 배색이 조화로움 • 색상, 명도, 면적의 차가 분명한 배색이 조화를 이룸
동류의 원리 (친근감의 원리)	• 관찰자에게 잘 알려져 있어 친근하게 느끼는 색상의 배색은 조화로움 • 자연경관처럼 사람들에게 잘 알려진 색은 조화로움 • 가장 가까운 색체끼리의 배색은 보는 사람에게 친근감을 주며 조화를 느끼게 함
대비의 원리	두 가지 이상의 색이 서로 반대되는 속성을 지녔음에도 어색함이 없을 때 그 배색은 조화로움

조명의 종류

직접 조명	• 광원의 90~100%를 대상물에 직접 비추어 투사시키는 방식 • 조명률이 좋고 설비비가 적게 들어 경제적임 • 그림자가 많이 생기며, 조도의 분포가 균일하지 못함 • 눈부심이 큼(눈부심 방지로 15~25%의 차광각이 필요)
반직접 조명	• 광원의 60~90%가 직접 대상물에 조사되고 나머지 10~40%는 천장으로 향하는 방식 • 광원을 감싸는 조명기구에 의해 상하 모든 방향으로 빛이 확산됨 • 그림자가 생기고 눈부심 있음 • 용도: 일반 사무실, 주택 등
간접 조명	• 광원의 90~100%를 천장이나 벽에 부딪혀 확산된 반사광으로 비추는 방식 • 눈부심이 없고 조도 분포가 균일 • 조명의 효율은 나쁘지만 차분한 분위기를 연출 • 설비비, 유지비가 많이 듦 • 용도: 침실이나 병실 등 휴식 공간

| 반간접 조명 | • 빛의 10~40%가 대상물에 직접 조사되고 나머지 60~90%는 천장이나 벽에 반사되어 조사되는 방식
• 바닥면의 조도가 균일
• 눈부심이 적으며, 심한 그늘이 생기지 않음
• 용도: 장시간 정밀 작업을 필요로 하는 장소 |
| 전반확산조명 | • 확산성 덮개를 사용하여 모든 방향으로 일정하게 빛이 확산되게 하는 방식
• 눈부심 조절을 위해 확산성 덮개가 커야함
• 용도: 주택, 사무실, 상점, 공장 등 |

Tip

인공조명의 경우 자연스러운 메이크업은 자칫 흐릿한 인상을 줄 수 있으므로 주의

조명의 위치

❶ 광원의 위치가 너무 높은 경우: 턱밑이나 코밑에 그림자가 져서 보기에 좋지 않음

❷ 광원의 위치가 너무 낮을 경우: 배경에 그림자가 나오게 됨

메이크업의 조건

구분	화장법
T.P.O	메이크업 시술 시 Time(시간), Place(장소), Occasion(상황)에 맞도록 고려
조화	의상, 헤어, 인물의 분위기 등의 조화로움을 고려하여 시술
대비	색상, 명도, 채도를 이용하여 색의 대비 효과를 줌
대칭	눈썹 등의 아이 메이크업 시 좌·우 균형을 잘 맞추어 메이크업 함
그라데이션	메이크업의 색상을 자연스럽게 잘 펴주는 기법

📋 응용 메이크업

T.P.O(Time, Place, Occasion) 메이크업

Time (시간)	• 데이타임 메이크업: 자연미를 강조한 그라데이션이 잘된 면 위주로 연출 • 나이트 메이크업: 선을 강조한 또렷한 이미지를 연출
Place (장소)	• 실외(자연광): 피부표현이나 포인트 메이크업 등 전반적인 메이크업 톤을 자연스럽게 연출 • 실내(인공조명): 면을 적절히 강조한 메이크업으로 화사함을 연출
Occasion (상황)	• 축하객: 완벽한 메이크업으로 분위기 연출 • 조문객: 내추럴 메이크업으로 경건함 연출 • 면접 시: 깔끔하고 단정한 메이크업

데이타임 메이크업의 특징

❶ 낮 화장으로서 주로 태양광선 아래서 보여지는 메이크업이므로 자연스럽고, 은은한 느낌이 포인트
❷ 너무 짙은 베이스 표현이나 원색적인 포인트 컬러보다는 가볍게 커버된 느낌의 피부표현이나 파스텔
계열의 은은한 포인트 컬러 선택이 중요

나이트 메이크업의 특징

❶ 화려한 인공조명 아래서 보여지는 메이크업이므로 메이크업 톤이 조명에 의해 다운되어 보일 수 있다는
점을 감안해 시술
❷ 펄이나, 광택 나는 글로스 제품을 사용하여 화사함과 화려함을 더욱 강조할 수 있음

계절별 메이크업

봄	생기 있는 신선함을 연출
여름	시원한 청량감 연출
가을	지적이고 차분한 여성미 연출
겨울	• 의상색이 대부분 어두운 계열이므로 피부 표현을 어둡게 않도록 표현 • 차갑고 건조하므로 충분한 수분을 공급한 후 메이크업

웨딩 메이크업

웨딩 메이크업 시 유의사항

❶ 신부의 연령대를 충분히 고려하여 메이크업을 시술하도록 함
❷ 신부의 메이크업 톤을 결정할 때 먼저 신부에게 평소 본인이 즐겨하는 메이크업 컬러와 스타일을 미리
체크해 둠
❸ 신부의 결혼식 장소에 맞는 메이크업 톤을 정함. 실내에서 할 경우 실내조명, 야외에서의 결혼식일 때는
자연광선이므로 조명에 맞는 메이크업이 필요
❹ 신부의 드레스 색상, 얼굴 형태, 피부상태, 헤어스타일, 예식 장소 등 모든 것을 수렴해서 메이크업을
해야 함

웨딩 이미지별 특징

로맨틱 이미지	• 여성다운 부드러움, 우아함, 귀엽고 사랑스러운 이미지로 은은하고 낭만적, 공상적, 감미로운 분위기 • 색상: 다양한 밝은 색을 주조로 한 가볍고 밝으며 부드러운 느낌의 분홍, 붉은 퍼플 등의 파스텔 색상 • 톤: 화이티시 톤, 페일 톤, 라이트 톤 • 배색: 분홍, 노랑 등을 주조색으로 하여 명도와 채도를 낮춘 색채 등을 선택하여 온화하고 부드러운 이미지를 표현

내추럴 이미지	• 자연스러움, 온화함, 가공되지 않음 등의 자연을 모티브로 소박하고 편안한 분위기 • 색상: 오렌지 계열이 주조색 • 톤: 차분한 라이트 그레이시 톤 • 배색: 어둡거나 화려한 색상을 피하여 전체적인 이미지를 포근하고 온화하게 유도하여 배색하는 것이 효과적
엘레강스 이미지	• 여성스럽고 기품 있는 우아함, 고급스러우며 세련된 분위기 • 색상: 보라, 인디언 핑크, 자주색 등 • 톤: 차분하고 부드러운 라이트 그레이시 톤 • 배색: 베이지, 그레이시 핑크 등이 주조색으로 배색할 때 부드럽고 채도가 낮은 색조와 차분하고 어두운 톤을 함께 사용하면 섬세한 느낌이 표현되며, 낮은 채도의 노랑, 파랑, 연두색을 함께 사용하면 아기자기한 느낌으로 연출
클래식 이미지	• 품격이 높고 고상하고 중후함, 보수적인 느낌과 함께 전통적인 가치와 보편성을 표현 • 색상: 깊이감이 있는 어두운 색조로 베이지, 다크 브라운, 와인, 금색 등 • 톤: 딥 톤, 덜 톤, 그레이시 톤 • 배색: 다양한 색채로 보색 대비를 이루어 절제되면서도 중후한 이미지 표현
프리티 이미지	• 어린 소녀가 연상되는 귀엽고 사랑스러운 이미지, 화려하고 달콤한 이미지 • 색상: 밝고 따뜻한 주황, 노랑, 연두 등 • 톤: 페일, 라이트 등 • 배색: 라이트와 페일 톤의 반대인 차가운 계열의 파랑, 보라와 함께 하면 더욱 발랄하고 경쾌하며 사랑스럽고 달콤한 이미지가 표현, 영유아, 어린이, 젊은 여성층에 적용하면 효과적
모던 이미지	• 하이테크 이미지, 진취적인 느낌과 기능적, 심플함, 기하학적인 이미지로 현대적이고 근대적인 도회적 감성을 표현 • 색상: 무채색 계열, 파랑 계열의 차가운 색 등 명확한 명암 대비를 강조하는 색 • 톤: 딥 톤과 다크 톤 • 배색: 원색을 포함한 대담한 색채대비를 사용하여 모던한 이미지를 연출

예식 장소에 따른 메이크업 방법

❶ 실내 웨딩

- 장시간을 소요하는 결혼식 진행을 위해 지속력과 밀착력이 중요
- 신부의 이미지와 피부톤, 웨딩드레스 등을 고려하여 색조 색상을 결정하되, 강한 색상 및 과도한 윤곽 수정, 눈 화장은 피함
- 피부 톤을 밝고 화사하게 표현하며 피부결점을 완벽하게 커버하고, 신부 얼굴형에 맞는 눈썹을 연출
- 바디 메이크업은 얼굴 톤과 차이나지 않도록 고르게 바름
- 자연스럽고 화사함과 깨끗함을 강조한 메이크업이 트렌드

❷ 야외 웨딩

- 너무 밝은 스킨 톤은 화장이 들떠 보일 수 있으므로 과도한 펄이나 과한 색조 사용을 자제
- 과한 윤곽 수정은 부자연스럽고 인위적으로 보일 수 있으니 주의하고 특히 붉은 계열의 치크는 피함
- 장시간 야외 촬영 시 화장이 들뜨거나 뭉칠 수 있으므로 티슈와 수분 공급 스프레이, 라텍스 스펀지 등을 이용해 수정 작업을 미리 준비
- 신랑과의 피부톤 차가 심하지 않도록 신부의 피부톤 선택에 주의

웨딩드레스 컬러에 따른 메이크업 방법

구분	이미지	메이크업 연출
화이트	깨끗함, 순수함	연한핑크와 베이지 컬러를 사용하여 내추럴한 이미지 연출
아이보리 핑크	귀여움, 로맨틱	치크와 립에 핑크 컬러로 포인트를 주는 메이크업 연출
크림	고급스러움	골드와 피치톤을 이용해 우아한 이미지 연출

신랑 메이크업

베이스	• 스킨을 화장솜에 묻혀 피부 결대로 닦아낸 후, 로션을 가볍게 발라 유수분 밸런스를 맞춰줌 • 피부 톤과 유사한 톤의 베이스와 파운데이션을 발라 최대한 자연스럽고 균일한 피부를 연출 • 잡티는 피부 톤보다 한 톤 어두운 컬러의 하드 타입 컨실러로 커버하고 피부 톤에 맞는 색상의 파우더를 소량 사용해 컨실러를 고정
눈썹	• 눈썹 전용 칼로 잔털을 정리한 후 눈썹 전용 가위와 족집게를 사용하여 눈썹 길이를 조절 • 눈썹 컬러와 비슷한 아이브로 섀도와 펜슬로 빈 부분을 채우듯 자연스럽게 그림
윤곽 수정	피부 톤보다 어두운 브론즈 컬러를 사용하여 페이스 라인 외곽 부분부터 안쪽 방향으로 쓸어주듯 펴 윤곽을 만들어줌
노즈 셰이딩	피부톤보다 두 톤 어두운 섀도와 노즈 브러시를 사용하여 눈썹 머리 부분부터 아래로 가볍게 쓸어주며 자연스러운 음영을 넣음
입술	입술선이 거의 없는 경우 입술 색과 동일한 립 펜슬로 살짝 잡아준 뒤, 입술 컬러보다 생기 있고 촉촉한 컬러를 발라 자연스럽게 연출

한복 메이크업 표현

❶ 특징: 의상의 이미지를 최대한 살려서 선을 섬세하게 표현하고, 포인트 메이크업 색상 사용은 자제하여 단아하고 우아한 이미지를 표현

❷ 메이크업 테크닉

베이스	밝고 화사한 느낌이 들도록 하며 파우더는 베이지와 핑크를 약간 섞어 바름
눈썹	여성미가 강조되는 아치형으로 그리며 너무 굵지 않게 그림
눈	• 한복의 색상과 조화를 이룰 수 있는 색을 두 가지 정도의 톤으로 선택하여 너무 화려하지 않게 표현 • 아이라인은 두껍지 않게 약간 꼬리 끝까지 올려서 섬세하게 그림
입술	섀도 색상과 조화되게 바르며 라인은 아웃커브보다는 윗입술을 인커브로, 아랫입술을 표준형으로 그림
블러셔	은은하게 홍조 띤 모습으로 표현

속눈썹 연출

인조 속눈썹 종류

스트립 래시	눈 모양으로 휘어진 띠에 인조 속눈썹이 붙어 있는 형태
인디비주얼 래시	인조 속눈썹 한 가닥 또는 2~3가닥이 한 올을 이루는 형태
연장용 래시	기존 속눈썹 위에 인조 속눈썹을 한 올씩 붙여 길어 보이도록 하는 인조 속눈썹

눈의 형태에 따른 속눈썹 디자인

둥근 눈	J컬의 가모로 눈꼬리의 지점이 포인트가 되도록 시술
가는 눈	J, C컬의 가모를 사용하여 눈 중앙이 포인트가 되도록 시술
올라간 눈	J컬의 가모로 눈 앞쪽이 포인트가 되도록 밀도 높게 풍성하게 시술
처진 눈	C, CC, L컬 등 컬링이 많이 들어간 가모로 눈꼬리가 올라가 보이도록 시술
작은 눈	J, C컬의 가모로 눈 중앙에서 눈꼬리 부분에 길이와 밀도를 높여 포인트가 되도록 시술
큰 눈	J컬의 가모로 부채꼴 모양으로 연장
튀어나온 눈	J컬 가모로 눈 앞머리와 눈꼬리 부분에 포인트를 주어 부드러운 이미지로 연장
움푹 꺼진 눈	J, C컬의 가모로 눈 중앙 부위의 길이와 밀도를 높여 연장
미간이 넓은 눈	C컬의 가모로 눈 앞머리의 밀도와 컬을 높여 풍성하게 연장
외꺼풀 눈	JC컬, C컬의 다소 긴 가모로 연장

가모의 컬 정도

J컬	내츄럴한 이미지에 적합하며 일반적으로 많이 사용하는 컬
JC컬	J컬에 볼륨이 들어간 형태로 세련된 이미지에 적합하며 아이래시 컬을 사용한 효과를 줌
C컬	생기 있고 발랄한 이미지에 적합하며 2, 30대의 선호도가 높음
CC컬	C컬보다 더 높게 올라간 형태이며 가장 볼륨감이 풍성하고 컬링감이 높음
L컬	라운드 형태보다 접착부분이 길어 유지 기간이 긺

 # 캐릭터 메이크업

미디어 캐릭터 메이크업

방송 광고 메이크업	• 우선 광고 콘셉트를 잘 파악해서 최대한의 광고 효과를 누릴 수 있는 메이크업을 선정 • 메이크업과 병행되는 조명, 카메라 각도, 전체 이미지 등을 미리 검토한 후 메이크업 진행
흑백 메이크업	• 흑백사진이나 흑백 방송용에 많이 사용 • 화려할 필요 없이 무채색 계열이나 음영을 나타낼 수 있는 컬러를 주로 사용
사진 및 영상 메이크업	• 방송용 스트레이트 메이크업이나 사진 촬영용 메이크업으로 많이 사용 • 의상 색을 염두에 두고 메이크업을 진행

볼드캡의 유형

❶ 대머리 캐릭터: 대머리 캐릭터 표현은 유전, 직업, 환경 등의 요소를 고려하여 표현

❷ 특수 효과 캐릭터: 일반 캐릭터 메이크업으로 표현할 수 없는 얼굴 화상, 질병으로 인한 탈모 SF 영화 속의 캐릭터, 외계인, 괴물 등 외형적 변화와 캐릭터 특징 표현을 위해서 볼드캡을 먼저 시행하고 그 위에 특수 효과로 표현

볼드캡 재료

❶ 재료: 플라스틱 볼드캡, 전용 접착제, 아세톤, 가위, 빗, 프로세이드, 파우더, FX 팔레트, 에어브러시, 컴프레서, 메이크업 재료 세트 등

❷ 라텍스 캡
  • 라텍스는 천연고무에 황과 암모니아 등을 섞어 만든 것. 쉽게 마르고 가격이 저렴하여 특수 효과를 위한 메이크업에서 많이 사용
  • 라텍스는 가장 오래된 피부용 특수 분장 재료
  • 단단하고 두꺼워질수록 투명도가 떨어짐
  • 채색 시 주의가 필요
  • 가장자리에 이음새가 표시나게 됨

❸ 플라스틱 캡
  • 액체 플라스틱에 아세톤을 첨가하여 농도를 조절하여 제작한 것으로 가장자리의 마무리는 아세톤으로 녹여서 시행
  • 가장자리의 마무리는 아세톤으로 녹여서 시행
  • 제작 비용이 비쌈
  • 신축성이 없어 모델의 두상에 맞는 사이즈가 필요

》 중년 이후 캐릭터의 특징

구분	특징
50~60대	나이가 들어가면서 피부 탄력이 떨어지고 입술색이 연해지며 눈가의 주름이 보이기 시작하는 기본적 요소에 유전적, 환경적, 성격 등에 따라 메이크업을 시행
60~70대	시간의 경과에 따른 얼굴색의 변화, 머리의 탈색 및 탈모 과정, 입술 주변과 눈 주위의 주름, 근육의 처짐 등의 변화를 포함한 캐릭터 메이크업을 시행
80세 이후	치아의 상실, 잇몸의 변화, 혈기 없는 얼굴색과 창백하게 변하는 볼 색, 입술 색, 커지고 붉어지는 코끝, 회색으로 변하고 부분탈모 또는 완전 탈모된 머리, 두피 상태 등을 고려하여 캐릭터 메이크업을 시행

📋 응용 메이크업

》 패션 이미지 유형

유형	이미지
내추럴 이미지	• 자연스러움, 부드러움, 편안함, 소박함, 차분함 • 자연의 아름다움과 편안함을 추구하는 이미지로 부드러운 소재 사용
클래식 이미지	• 고전적, 고상함, 전통적인 패션 스타일 • 몸의 선을 강조하지 않고 과하지 않은 장식
엘레강스 이미지	• 고상함, 품위, 세련됨, 성숙한 부드러움 • 우아한 드레이핑 형태의 스타일
로맨틱 이미지	• 아름다움, 달콤함, 섬세함, 낭만적, 부드러움, 온화함, 여성스러움 • 플레어스커트, 프릴, 드레이프가 있는 원피스나 블라우스로 표현
모던 이미지	• 현대적, 도시적, 이지적, 진보적, 전위성 • 포스트모던, 하이테크, 퓨처리스트룩 • 차갑고 딱딱한 느낌의 세련되고 도회적인 스타일로 줄무늬나 기하학적인 무늬, 체크 등이 활용
매니시 이미지	남성적인 특징이 강하게 나타나는 자립적인 여성의 이미지
액티브 이미지	• 젊은, 건강미, 생동감, 적극적, 활동적, 경쾌함 • 재킷에 바지나 스커트를 조합한 활동적인 스타일러 티셔츠, 면바지, 카디건 등을 코디네이션 패션 스타일
에스닉 이미지	• 민족, 민속, 토속적, 소박함, 전원적 • 민속 문화와 관습을 강조 • 아프리카의 토속의상, 잉카의 기하학 문양, 중국의 차이나 칼라, 인도의 사리, 인도네시아의 바틱 등
아방가르드 이미지	기존의 예술사적 전통을 거부하고 극단적인 새로움을 추구하는 급격한 진보적 성향의 이미지

피부학

📑 피부와 피부 부속기관

🔸 피부의 기능

① 보호기능
- 피하지방과 모발의 완충작용으로 외부 충격 및 압력 보호
- 열, 추위, 화학작용, 박테리아로부터 보호
- 자외선 차단기능

② 체온조절기능

③ 비타민 D 합성 기능

④ 분비, 배설 기능: 땀 및 피지의 분비

⑤ 호흡작용: 산소 흡수 및 이산화탄소 방출

⑥ 감각 및 지각 기능

🔸 피부의 구조

① 피부: 표피, 진피, 피하조직

② 피부부속기관: 한선, 피지선, 모발, 손톱

🔸 표피의 구조 및 기능

① 피부의 가장 표면에 있는 층으로 외배엽에서 시작

② 표피의 구조 및 기능

각질층	• 표피를 구성하는 세포층 중 가장 바깥층 • 각화가 완전히 된 세포들로 구성 • 비듬이나 때처럼 박리현상을 일으키는 층 • 외부자극으로부터 피부보호, 이물질 침투 방어 • 세라마이드 : 각질층에 존재하는 세포간지질 중 가장 많이 차지(40%이상)
투명층	• 손바닥과 발바닥 등 비교적 피부층이 두터운 부위에 주로 분포 • 생명력이 없는 상태의 무색, 무핵층 • 엘라이딘이 피부를 윤기 있게 함
과립층	• 각화유리질 과립이 존재하는 층 • 투명층과 과립층 사이에 레인방어막이 존재 • 피부의 수분 증발을 방지하는 층 • 지방세포 생성

유극층	• 표피 중 가장 두꺼운 층 • 세포 표면에 가시 모양의 돌기가 세포 사이를 연결 • 케라틴의 성장과 분열에 관여
기저층	• 표피의 가장 아래층으로 진피의 유두층으로부터 영양분을 공급받는 층 • 각질형성세포와 색소형성세포가 가장 많이 존재(10 : 1 비율) • 피부의 새로운 세포를 형성하는 층 • 털의 기질부(모기질)는 기저층에 해당

표피의 구성세포

각질형성 세포 (기저층)	• 표피의 각질(케라틴)을 만들어 내는 세포 • 표피의 주요 구성성분(표피세포의 80% 정도) • 각화과정의 주기: 약 4주(28일)
색소형성 세포 (기저층)	• 피부의 색을 결정하는 멜라닌 색소 생성(멜라닌 세포의 수는 피부색에 상관없이 일정) • 표피세포의 5~10%를 처치 • 자외선을 흡수(또는 산란)시켜 피부의 손상을 방지
랑게르한스 세포	• 피부의 면역기능 담당 • 외부로부터 침입한 이물질을 림프구로 전달 • 내인성 노화가 진행되면 세포수 감소
머켈 세포 (촉각세포)	• 기저층에 위치 • 신경세포와 연결되어 촉각 감지

피하조직의 기능

① 영양분 저장
② 지방 합성
③ 열의 차단
④ 충격 흡수

피부 pH

① 피부 표면의 pH: 4.5~6.5의 약산성
② 건강한 모발의 pH: 4.5~5.5

진피

① 피부의 주체를 이루는 층으로 피부의 90%를 차지
② 유두층과 망상층으로 이루어져 있음

유두층	• 표피의 경계 부위에 유두 모양의 돌기를 형성하고 있는 진피의 상단 부분 • 다량의 수분을 함유하고 있으며, 혈관을 통해 기저층에 영양분 공급
망상층	• 진피의 4/5를 차지하며 유두층의 아래에 위치 • 피하조직과 연결되는 층

진피의 구성물질

콜라겐 (교원섬유)	• 진피의 70~80%를 차지하는 단백질 • 3중 나선형 구조로 보습력이 뛰어남 • 엘라스틴과 그물모양으로 서로 짜여 있어 피부에 탄력성과 신축성을 주며, 상처를 치유 • 콜라겐의 양이 감소하면 피부탄력감소 및 주름형성의 원인
엘라스틴 (탄력섬유)	• 교원섬유보다 짧고 가는 단백질 • 신축성과 탄력성이 좋음 • 피부이완과 주름에 관여
뮤코다당체 (기질)	진피의 결합섬유(콜라겐, 엘라스틴)와 세포 사이를 채우고 있는 젤 상태의 친수성 다당체

한선(땀샘)

에크린선 (소한선)	• 분포: 손바닥, 발바닥, 겨드랑이 등 입술과 생식기를 제외한 전신 • 기능: 체온 유지 및 노폐물 배출
아포크린선 (대한선)	• 분포: 겨드랑이, 눈꺼풀, 유두, 배꼽 주변 등 • 기능: 모낭에 연결되어 피지선에 땀을 분지, 산성막의 생성에 관여

피지선

❶ 진피의 망상층에 위치
❷ 손바닥과 발바닥을 제외한 전신에 분포
❸ 안드로겐이 피지의 생성 촉진, 에스트로겐이 피지의 분비 억제
❹ 피지의 1일 분비량: 약 1~2g
❺ 피지의 기능: 피부의 향상성 유지, 피부보호 기능, 유독물질 배출작용, 살균작용 등

모발

❶ 모발의 특징
  • 모발의 구성: 케라틴(단백질), 멜라닌, 지질, 수분 등으로 구성되어 있음
  • 성장 속도: 하루에 0.2~0.5mm 성장
  • 수명: 3~6년
  • 건강한 모발의 pH: 4.5~5.5
❷ 모발의 결합구조
  • 폴리펩타이드결합(주쇄결합): 세로 방향의 결합으로 모발의 결합 중 가장 강한 결합
  • 촉쇄결합: 가로 방향의 결합
❸ 멜라닌
  피부와 모발의 색을 결정하는 색소
  • 유멜라닌: 갈색-검정색 종합체, 입자형 색소
  • 페오멜라닌: 적색-갈색 중합체

❹ 모발의 구조

- 모간: 피부 밖으로 나와 있는 부분
  - 모표피: 모발의 가장 바깥부분
  - 모피질: 모표피의 안쪽 부분으로 멜라닌 색소를 가장 많이 함유
  - 모수질: 모발의 중심부로 멜라닌 색소 함유
- 모근: 두부의 표피 밑에 모낭 안에 들어 있는 모발
- 모낭: 모근을 싸고 있는 부분
- 모구: 모낭의 아랫부분
- 모유두: 모낭 끝에 있는 작은 돌기 조직으로 모발에 영양을 공급하는 부분으로, 혈관과 신경이 분포

❺ 모발의 생장주기

성장기 → 퇴화기 → 휴지기의 단계를 반복

성장기	• 모근세포의 세포분열 및 증식작용으로 모발의 성장이 왕성한 단계 • 전체 모발의 88% 차지 • 기간: 3~5년
퇴화기	• 모발의 성장이 느려지는 단계 • 전체 모발의 1% 차지 • 기간: 약 1개월
휴지기	• 모발의 성장이 멈추고 가벼운 물리적 자극에 의해 쉽게 탈모가 되는 단계 • 전체 모발의 14~15% 차지 • 기간: 2~3개월

➤ 손톱

❶ 손톱의 구조

조체 (조판)	• 손톱의 몸체 부분 • 역할: 네일베드를 보호 • 조상과 접해있는 아랫부분은 약하며 위로 갈수록 튼튼함
조근	• 손톱의 아랫부분에 묻혀있는 얇고 부드러운 부분 • 새로운 세포가 만들어져 손톱의 성장이 시작되는 곳
자유연	• 네일 베드와 접착되어 있지 않은 손톱의 끝부분 • 네일의 길이와 모양을 자유롭게 조절할 수 있음
옐로우 라인	• 프리에지와 네일 베드의 경계선 • 네일 바디 상의 둥근 선

큐티클	• 손톱 주위를 덮고 있는 신경이 없는 부분
	• 역할: 병균 및 미생물의 침입으로부터 보호
	• 건강한 큐티클의 조건
	  - 적당한 수분을 함유할 것
	  - 탄력이 있을 것
	  - 갈라짐이 없을 것

스트레스 포인트	손톱이 피부와 분리되기 시작하는 곳

❷ 손톱 밑의 구조

조상	• 네일 바디를 받치고 있는 밑 부분 • 혈관과 신경이 분포하고 있으며 네일의 신진대사와 수분을 공급
조모	• 조근 밑에 위치하여 각질세포의 생산과 성장을 조절 • 혈관 및 신경 분포
반월	• 반달 모양의 손톱 아래 부분 • 매트릭스와 네일 베드가 만나는 부분 • 완전히 케라틴화 되지 않음

❸ 손톱의 성장
- 성장 속도: 하루에 0.1~0.15mm
- 손톱이 완전히 자라서 대체되는 기간: 5~6개월
- 10~14세에 가장 빨리 성장, 20세 이후 저하
- 성장 속도가 가장 빠른 계절: 여름
- 손가락마다 성장 속도가 다름
- 손가락을 많이 움직일수록 빨리 성장

❹ 건강한 네일의 조건
- 반투명의 분홍색을 띠며 윤택이 있음
- 둥근 모양의 아치형
- 갈라짐이 없음
- 네일 바디가 네일 베드에 강하게 부착되어 있음
- 단단하고 탄력이 있음
- 12~18%의 수분을 함유하고 있음
- 세균에 감염되지 않아야 함

📋 피부유형분석

》 건성피부와 지성피부

구분	건성피부	지성피부
모공	모공이 작음	모공이 큼
피지와 땀 분비	피지와 땀의 분비 저하로 유, 수분이 불균형	피지분비가 왕성함
피부 상태	• 피부가 얇음 • 피부결이 섬세해 보임 • 탄력이 좋지 못함 • 피부가 손상되기 쉬우며 주름 발생이 쉬움 • 세안 후 이마, 볼 부위가 당김 • 잔주름이 많음	• 정상피부보다 두꺼움 • 여드름, 뾰루지가 잘 남 • 표면이 굴껍질같이 보이기 쉬움(피부결이 곱지 못함) • 블랙헤드가 생성되기 쉬움 • 안드로겐(남성호르몬)이나 인프로게스테론(여성호르몬)의 기능이 활발해져서 생김
화장 상태	화장이 잘 들뜸	화장이 쉽게 지워짐
기타 사항	–	• 주로 남성피부에 많음 • 관리: 피지제거 및 세정을 주목적으로 함

📋 피부와 영양

》 탄수화물

❶ 신체의 중요한 에너지원
❷ 종류
- 단당류: 포도당, 과당, 갈락토오스
- 이당류: 지당, 맥아당, 유당
- 다당류: 전분, 글리코겐, 섬유

》 단백질의 기능

❶ 체조직의 구성성분: 모발, 손톱, 발톱, 근육, 뼈 등
❷ 효소, 호르몬 및 항체 형성
❸ 포도당 생성 및 에너지 공급
❹ 혈장 단백질 형성: 알부민, 글로불린, 피브리노겐
❺ 체내의 대사과정 조절: 수분의 균형 조절, 산-염기의 균형을 조절

아미노산

① 단백질의 기본 구성단위이며, 최종 가수분해 물질
② 필수아미노산: 발린, 루신, 아이소루이신, 메티오닌, 트레오닌, 라이신, 페닐알라닌, 트립토판, 히스티딘, 아르기닌

필수지방산

리놀산, 리놀렌산, 아라키돈산

비타민 C의 효과

① 모세혈관 강화 → 피부손상 억제, 멜라닌 색소 생성 억제
② 미백작용을 함
③ 기미, 주근깨 등의 치료에 사용함
④ 혈색을 좋게 하여 피부에 광택을 부여함
⑤ 진피의 결체조직 강화
⑥ 결핍 시: 기미, 괴혈병 유발, 잇몸 출혈, 빈혈

비타민 D

① 자외선에 의해 피부에서 만들어져 흡수
② 칼슘 및 인의 흡수 촉진
③ 혈중 칼슘 농도 및 세포의 증식과 분화 조절
④ 골다공증 예방

철(Fe)

① 인체에서 가장 많이 함유하고 있는 무기질
② 혈액 속의 헤모글로빈의 주성분
③ 산소 운반 작용을 함
④ 면역 기능을 함
⑤ 혈색을 좋게 하는 기능을 함
⑥ 결핍 시: 빈혈, 적혈구 수 감소

칼슘

① 뼈, 치아 형성 및 혈액 응고
② 근육의 이완과 수축 작용
③ 결핍 시: 구루병, 골다공증, 충치, 신경과민증 등

인

❶ 뼈 및 치아를 형성
❷ 비타민 및 효소 활성화에 관여

요오드

❶ 갑상선 및 부신의 기능을 촉진시킴
❷ 피부를 건강하게 해줌
❸ 모세혈관의 기능을 정상화시킴

식염

❶ 근육 및 신경의 자극 전도
❷ 삼투압 조절
❸ 결핍 시: 피로감, 노동력 저하

피부와 영양

❶ 피부 건강을 위해 화장품을 이용해 영양을 공급받기도 하지만 대부분의 영양은 음식물을 통해 보충
❷ 비타민, 무기질 등의 필수 영양소를 섭취하여 건강한 피부를 유지

체형과 영양

❶ 영양의 균형을 고려한 음식물 섭취 → 건강한 체형을 유지
❷ 인스턴트 식품을 줄임
❸ 과식 및 편식을 줄이고 규칙적인 식습관을 유지

📋 피부와 광선

자외선의 구분

구분	파장 범위	특징
UV-A	장파장 (320~400mm)	• 진피의 상부까지 침투 • 즉시 색소 침착 유발 • 피부 탄력 감소 및 주름 형성 • 콜라겐 및 엘라스틴 파괴·변형 → 광노화 현상이 발생
UV-B	중파장 (290~320mm)	• 표피의 기저층 또는 진피의 상부까지 침투 • 홍반 발생 능력이 자외선 A의 1,000배 • 과다하게 노출될 경우 일광화상을 일으킴
UV-C	단파장 (200~290mm)	• 오존층에서 거의 흡수되어 피부에는 거의 도달하지 않지만 오존층 파괴로 인해 영향을 미침 • 가장 강한 자외선으로 살균작용을 함

◈ 자외선이 미치는 영향

긍정적인 효과	신진대사 촉진, 살균 및 소독 기능, 노폐물 제거, 비타민 D 합성
부정적인 효과	일광 화상, 홍반 반응 및 색소침착, 광노화, 피부암

◈ 적외선이 미치는 영향

1. 피부 깊숙이 침투하여 혈액순환을 촉진시킴
2. 신진대사 촉진시킴
3. 근육을 이완시킴
4. 피부에 영양분 침투시킴
5. 식균 작용을 함

📄 피부면역과 노화

◈ 특이성 면역

체내에 침입하거나 체내에서 생성되는 항원에 대해 항체가 작용하여 제거하는 면역

B림프구	• 체액성 면역 • 특정 면역체에 대해 면역글로불린이라는 항체 생성
T림프구	• 세포성 면역 • 혈액 내 림프구의 70~80% 차지 • 세포 대 세포의 접촉을 통해 직접 항원을 공격

◈ 비특이성 면역

태어나면서부터 가지고 있는 자연면역체계

1. 제1 방어계
   - 기계적 방어벽: 피부 각질층, 점막, 코털
   - 화학적 방어벽: 위산, 소화효소
   - 반사작용: 재채기, 섬모운동
2. 제2 방어계
   - 식세포 작용: 대식세포, 단핵구
   - 염증 및 발열: 히스타민
   - 방어 단백질: 보체, 인터페론
   - 자연살해세포: 작은 림프구 모양의 세포로 종양 세포나 바이러스에 감염된 세포를 자발적으로 죽이는 세포

❯ 피부노화 현상

구분	내인성 노화(자연노화)	외인성 노화(광노화)
개요	나이가 들면서 피부가 노화되는 현상	햇빛, 바람, 추위, 공해 등에 피부가 노화되는 현상
피부 상태	• 표피 및 진피의 두께가 얇아짐 • 각질층의 두께가 증가 • 망상층이 얇아짐 • 건조해지고 잔주름이 늘어남	• 진피 내의 모세혈관 확장 • 표피의 두께가 두꺼워짐 • 피부가 건조해지고 거칠어짐 • 주름이 비교적 깊고 굵음
폐해	• 피지선의 크기의 증가 • 피지 생성기능은 감소 • 피하지방세포, 멜라닌 세포, 랑게르한스 세포의 수 감소 • 한선의 수 감소 • 땀의 분비가 감소	• 멜라닌 세포의 수 증가 • 과색소침착증이 나타남 • 섬유아세포 수의 양 감소 • 점다당질 증가 • 콜라겐의 변성 및 파괴가 일어남
기타 사항	-	스트레스, 흡연, 알코올 섭취 등의 영향을 받음

피부장애와 질환

❯ 원발진 및 속발진

원발진	반점, 반, 팽진, 구진, 결절, 수포, 농포, 낭종, 판, 면포, 종양
속발진	인설, 가피, 표피박리, 미란, 균열, 궤양, 농양, 변지, 반흔, 위축, 태선화

❯ 바이러스성 피부질환

단순포진, 대상포진, 사마귀, 수두, 홍역, 풍진

❯ 색소이상 증상

과색소침착	기미, 주근깨, 검버섯, 갈색반점, 오타모반, 릴흑피증, 벌룩 피부염
저색소침착	백반증, 백피증

열에 의한 피부 질환

① 화상

제1도 화상	피부가 붉게 변하면서 국소 열감과 동통 수반
제2도 화상	• 진피층까지 손상되어 수포가 발생 • 기타 증상: 홍반, 부종, 통증 동반
제3도 화상	• 피부 전층 및 신경이 손상된 상태 • 피부색이 흰색 또는 검은색으로 변함
제4도 화상	피부 전층, 근육, 신경 및 뼈 조직 손상

② 한진(땀띠): 땀관이 막혀 땀이 원활하게 표피로 배출되지 못하고 축적되어 발진과 물집이 생기는 질환

③ 열성홍반: 강한 열에 지속적으로 노출되면서 피부에 홍반과 과색소침착을 일으키는 질환

한랭에 의한 피부질환

동창	한랭 상태에 지속적으로 노출되어 피부의 혈관이 마비되어 생기는 국소적 염증반응
동상	영하 2~10℃의 추위에 노출되어 피부의 조직이 얼어 혈액 공급이 되지 않는 상태
한랭 두드러기	추위 또는 찬 공기에 노출되는 경우 생기는 두드러기

기타 피부질환

주사	• 피지선과 관련된 질환 • 혈액의 흐름이 나빠져 모세혈관이 파손되어 코를 중심으로 양 뺨에 나비 형태로 붉어진 증상 • 주로 40~50대에 발생
한관종	• 물사마귀알이라고도 함 • 2~3mm 크기의 황색 또는 분홍색의 반투명성 구진을 가지는 피부양성종양 • 땀샘관의 개출구 이상으로 피지 분비가 막혀 생성
비립종	• 직경 1~2mm의 둥근 백색 구진 • 눈 아래 모공과 땀구멍에 주로 발생
지루피부염	기름기가 있는 비듬이 특징이며 호전과 악화를 되풀이하고 약간의 가려움증을 동반하는 피부염
하지정맥류	다리의 혈액순환 이상으로 피부 밑에 형성되는 검푸른 상태
소양감	자각증상으로서 피부를 긁거나 문지르고 싶은 충동에 의한 가려움증
흉터	세포 재생이 더 이상 되지 않으며 기름샘과 땀샘이 없는 것

03

화장품학

📑 화장품 기초

▶ 화장품의 정의

① 인체를 청결·미화하여 매력을 더하고 용모를 밝게 변화시키기 위해 사용하는 물품
② 피부 혹은 모발을 건강하게 유지 또는 증진하기 위한 물품
③ 인체에 바르고 문지르거나 뿌리는 등의 방법으로 사용되는 물품
④ 인체에 사용되는 물품으로 인체에 대한 작용이 경미한 것
⑤ 의약품이 아닐 것

▶ 기능성 화장품

① 피부의 미백에 도움을 주는 제품
② 피부의 주름개선에 도움을 주는 제품
③ 피부를 곱게 태워주거나 자외선으로부터 피부를 보호하는 데에 도움을 주는 제품
④ 모발의 색상 변화·제거 또는 영양공급에 도움을 주는 제품
⑤ 피부나 모발의 기능 약화로 인한 건조함, 갈라짐, 빠짐, 각질화 등을 방지하거나 개선하는 데에 도움을 주는 제품

▶ 화장품의 분류

피부용	기초화장품	• 세정: 세안크림, 클렌징폼, 클렌징로션, 클렌징오일 등 • 정돈: 화장수, 팩, 마사지 크림 등 • 보호: 로션, 영양크림, 에센스
	색조화장품	베이스 메이크업, 파운데이션, 파우더, 포인트 메이크업
	바디화장품	목욕용 화장품, 핸드케어, 풋케어, 제모제 등
	기능성화장품	안티에이징 제품, 에센스, 미백크림, 선크림, 선오일
에센셜(아로마)오일 및 캐리어 오일		호호바 오일, 아보카도 오일 등

📑 화장품 제조

▶ 정제수

① 화장수, 크림, 로션 등의 기초 물질을 사용
② 물에 포함된 불순물이 피부 트러블을 일으킬 수 있으므로 깨끗한 정제수를 사용

▶ 에탄올

❶ 특징: 휘발성

❷ 용도: 화장수, 헤어토닉, 향수 등에 많이 사용

❸ 효과: 청량감, 수렴효과, 소독작용

▶ 오일

구분	종류	특징
천연 오일	식물성 (올리브유, 파마자유, 야자유, 맥아유 등)	• 피부에 대한 친화성이 우수 • 불포화 결합이 많아 공기 접촉 시 쉽게 변질
	동물성(밍크오일, 난황유등)	• 식물성 오일은 피부 흡수가 느린 반면 동물성 오일은 빠름
	광물성(유동파라핀, 바셀린 등)	• 포화 결합으로 변질의 우려는 없음 • 유성감이 강해 피부 호흡을 방해할 수 있음
합성 오일	실리콘 오일	사용성 및 화학적 안정성이 우수

▶ 왁스

구분	종류
식물성	• 카르나우바 왁스[식물성 왁스 중 녹는 온도가 가장 높음(80~86℃), 크림/립스틱/탈모제 등에 사용] • 칸델리라 왁스
동물성	밀납, 경납, 라놀린 등

▶ 계면활성제

❶ 친수성기: 물과의 친화성이 강한 둥근 머리 모양

양이온성	• 살균 및 소독작용이 우수 • 용도: 헤어린스, 헤어트린트먼트 등
음이온성	• 세정 작용 및 기포 형성 작용이 우수 • 용도: 비누, 샴푸, 클렌징 폼 등
비이온성	• 피부에 대한 자극이 적음 • 용도: 화장수의 가용화제, 크림의 유화제, 클렌징 크림의 세정제 등
양쪽성	• 친수기에 양이온과 음이온을 동시에 가지며, 세정 작용이 우수하고 피부 자극이 적음 • 용도: 베이비 샴푸 등

Tip 자극의 세기

양이온성 > 음이온성 > 양쪽성 > 비이온성

❷ 친유성기(소수성기): 기름과의 친화성이 강한 막대꼬리 모양

계면활성제의 작용원리

유화	• 제품의 오일 성분이 계면활성제에 의해 물에 우윳빛으로 불투명하게 섞인 상태 • 유화제품: 크림, 로션
가용화	• 소량의 오일 성분이 계면활성제에 의해 물에 투명하게 용해되어 있는 상태 • 가용화 제품: 화장수, 에센스, 향수, 헤어토닉, 헤어리퀴드 등
분산	• 미세한 고체입자가 계면활성제에 의해 물이나 오일 성분에 균일하게 혼합된 상태 • 분산된 제품: 립스틱, 아이섀도, 마스카라, 아이라이너, 파운데이션 등

보습제의 종류

종류	구성 성분
천연보습인자 (NMF)	아미노산(40%), 젖산(12%), 요소(7%), 지방산 등
고분자 보습제	가수분해 콜라겐, 히아루론산염 등
폴리올	글리세린, 폴리에틸렌글리콜, 부틸렌글리콜프로필렌글리콜, 솔비톨

보습제 및 방부제가 갖추어야 할 조건

보습제	• 적절한 보습능력이 있을 것 • 보습력이 환경의 변화(온도, 습도 등)에 쉽게 영향을 받지 않을 것 • 피부 친화성이 좋을 것 • 다른 성분과의 혼용성이 좋을 것 • 응고점이 낮을 것 • 휘발성이 없을 것
방부제	• pH의 변화에 대해 향균력의 변화가 없을 것 • 다른 성분과 작용하여 변화되지 않을 것 • 무색·무취이며, 피부에 안정적일 것

색소

염료	물, 오일, 알코올 등의 용제에 녹는 색소로 화장품의 색상을 나타냄
안료	물과 오일에 모두 녹지 않는 색소로 주로 메이크업 화장품에 많이 사용 • 무기안료: 천연광물을 파쇄하여 사용(마스카라) • 유기안료: 물·오일에 용해되지 않는 유색분말(립스틱) • 레이크: 립스틱, 브러시, 네일 에나멜에 사용

피부유형에 따른 화장품 유효성분

건성용	콜라겐, 엘라스틴, 솔비톨, Sodium P.C.A 알로에, 레시틴, 해초, 세라마이드, 아미노산, 히아루론산염
노화방지용	비타민E(토코페롤), 레티놀, AHA, 레티닐팔미테이트, SOD, 프로폴리스, 플라센타, 알란토인, 인삼추출물, 은행추출물
민감성용	아줄렌, 위치하젤, 비타민 P · K, 판테놀, 리보플라빈, 클로로필
지성, 여드름용	살리실산, 클레이, 유황, 캄퍼
미백용	알부틴, 하이드로퀴논, 비타민 C, 닥나무추출물, 감초

유화형태에 따른 크림의 특성

구분	특징	사용 예
O/W형 에멀전 (수중유형)	• 물 > 오일 • 흡수는 빠르나 지속성이 낮음 • 시원하고 가벼움	로션류: 보습로션, 선텐로션
W/O형 에멀전 (유중수형)	• 오일 > 물 • 흡수는 느리나 지속성이 높음 • 사용감이 무거움	크림류: 영양크림, 헤어크림, 클렌징크림, 선크림
W/O/W, O/W/O형 에멀전	• 물/오일/물 또는 오일/물/오일의 3층 구조 • 영양물질과 활성물질의 안정한 상태의 보존이 가능	각종 영양크림과 보습크림의 제조에 이용

화장품에서 요구되는 4대 품질 특성

안전성	피부에 대한 자극, 알레르기, 독성이 없을 것
안정성	변색, 변취, 미생물의 오염이 없을 것
사용성	피부에 사용감이 좋고 잘 스며들 것
유효성	미백, 주름개선, 자외선 차단 등의 효과가 있을 것

포장에 기재할 사항

① 화장품의 명칭 / 가격 / 영업자의 상호 및 주소
② 해당 화장품 제조에 사용된 모든 성분
③ 내용물의 용량 또는 중량 및 제조번호
④ 사용기한 또는 개봉 후 사용기간(개봉 후 사용기간 기재 시 제조연월일을 병행 표기)
⑤ 기능성화장품의 경우 "기능성화장품"이라는 글자 또는 기능성화장품을 나타내는 도안으로서 식품의약품안전처장이 정하는 도안 표기
⑥ 사용 시 주의사항 및 그 밖에 총리령으로 정하는 사항

화장품 사용 시 주의사항

① 사용 중 다음과 같은 이상이 있는 경우 사용을 중지해야 함
- 사용 중 붉은 반점, 부어오름, 가려움증, 자극 등의 이상이 있는 경우
- 적용 부위가 직사광선에 의하여 붉은 반점, 부어오름, 가려움증, 자극 등의 이상이 있는 경우

② 상처가 있는 부위, 습진 및 피부염 등의 이상이 있는 부위에는 사용하지 말아야 함

③ 보관 및 취급 시의 주의사항
- 사용 후에는 반드시 마개를 닫아둘 것
- 유아·소아의 손이 닿지 않는 곳에 보관할 것
- 고온 또는 저온의 장소 및 직사광선이 닿는 곳에는 보관하지 말 것

화장품의 종류와 기능

기초 화장품의 기능

세안, 피부 정돈, 피부 보호

기초 화장품의 종류

세안	클렌징 폼, 페이셜 스크럽, 클렌징 크림, 클렌징 로션, 클렌징 워터, 클렌징 젤
피부 정돈	화장수, 팩, 마사지 크림
피부 보호	로션, 크림, 에센스, 화장유

세안용 화장품

피부의 노폐물 및 화장품의 잔여물을 제거

피부 정돈용 화장품

① 화장수
- 주요 기능
  - 피부의 각질층에 수분 공급
  - 피부에 청량감 부여, 피부 진정 또는 클렌징 작용
  - 피부에 남은 클렌징 잔여물 제거 작용
  - 피부의 pH 밸런스 조절 작용
- 종류

유연 화장수	• 피부에 수분 공급 및 피부를 유연하게 함
수렴 화장수	• 피부에 수분 공급, 모공 수축 및 피지 과잉 분비를 억제 • 지방성 피부에 적합 • 원료 : 알코올, 습윤제, 물, 알루미늄, 아연염, 멘톨

❷ 팩

- 주요 기능
  - 피부에 피막을 형성하여 수분 증발 억제
  - 피부 온도 상승에 따른 혈액순환을 촉진
  - 유효성분의 침투를 용이하게 함
  - 노폐물 제거 및 청결 작용을 함
- 제거 방법에 따른 팩의 분류

필오프 (Peel-off) 타입	• 팩이 건조된 후 형성된 투명한 피막을 떼어내는 형태 • 노폐물 및 죽은 각질 제거 작용
워시오프 (Wash-off) 타입	• 팩 도포 후 일정 시간 지나 미온수로 닦아 내는 형태
티슈오프 (Tssue-off) 타입	• 티슈로 닦아내는 형태 • 피부에 부담이 없어 민감성 피부에 적합
시트(Sheet) 타입	시트를 얼굴에 올려놓았다가 제거하는 형태
패치(Patch) 타입	패치를 부분적으로 붙인 후 떼어내는 형태

피부 보호용 화장품

로션	• 피부에 수분과 영양분 공급 • 구성 : 60~80%의 수분과 30% 이하의 유분
크림	• 세안 시 소실된 천연 보호막을 보충하여 피부를 촉촉하게 하고 보호함 • 피부의 생리기능을 돕고, 유효성분들로 피부의 문제점을 개선
에센스	• 피부 보습 및 노화 억제 성분들을 농축해 만든 것 • 피부에 수분과 영양분을 공급

베이스 메이크업 화장품의 분류

메이크업 베이스	• 인공 피지막을 형성하여 피부 보호 • 파운데이션의 밀착성을 높여줌 • 색소 침착 방지
파운데이션	• 화장의 지속성 유지 • 주근깨, 기미 등 피부의 결점 커버 • 피부에 광택과 투명감 부여 • 자외선을 차단
파우더	• 피부색 정돈, 번들거림 방지 • 화사한 피부 표현, 땀, 피지 분지 억제

포인트 메이크업

❶ 립스틱: 입술의 건조를 방지하고, 입술에 색채감 및 입체감 부여
❷ 아이라이너: 눈을 크고 뚜렷하게 보이게 하는 효과를 줌
❸ 마스카라: 속눈썹이 짙고 길어 보이게 함
❹ 블러셔: 얼굴에 입체감을 주고 건강하게 보이게 함

바디 관리 화장품

세정용	• 이물질 제거 및 청결하게 함 • 종류: 비누, 바디샴푸 등
트린트먼트용	• 샤워 후 피부가 건조해지는 것을 막고 촉촉하게 함 • 종류: 바디로션, 바디크림, 바디오일 등
일소용(선텐)	• 피부를 곱게 태워주고 피부가 거칠어지는 것을 방지함 • 종류: 선텐용 젤·크림·리퀴드 등
일소 방지용	• 햇볕에 타는 것을 방지하고 자외선으로부터 피부를 보호함 • 종류: 선스크린 젤, 선스크린 크림, 선스크린 리퀴드 등
액취 방지용	• 체취 방지 및 향균 기능을 함 • 종류: 데오도란트

농도에 따른 향수의 분류

구분(부향률)	지속시간	특징
퍼퓸(15~30%)	6~7시간	향이 오래 지속되며, 가격이 비쌈
오데퍼퓸(9~12%)	5~6시간	퍼퓸보다는 지속성이나 부향률이 떨어지지만 경제적
오데토일렛(6~8%)	3~5시간	일반적으로 가장 많이 사용하는 향수
오데코롱(3~5%)	1~2시간	향수를 처음 사용하는 사람에게 적합
샤워코롱(1~3%)	약 1시간	샤워 후 가볍게 뿌려주는 향수

발산속도에 따른 향수의 단계

탑노트	향수의 첫 느낌, 휘발성이 강한 향료
미들노트	변화된 중간 향, 알코올이 날아간 다음의 향
베이스노트	마지막까지 은은하게 유지되는 향, 휘발성이 낮은 향료

천연향의 추출 방법

증류법	• 가장 오래된 방법 • 뜨거운 물이나 수증기를 이용하는 것으로 증발되는 향기물질을 냉각시켜 액체 상태로 얻을 수 있는 방법 • 단시간에 대량 추출할 수 있어 경제적 • 고온추출이므로 열에 약한 성분은 파괴
용매 추출법	• 유기용매(벤젠이나 헥산)를 이용해 식물에 함유된 매우 적은 양의 정유, 수증기에 녹지 않는 정유, 수지에 포함된 정유를 추출 • 로즈, 네롤리, 재스민 추출 시 이용

아로마 오일의 사용법

입욕법	전신욕, 반신욕, 좌욕, 수욕, 족욕 등 몸을 담그는 방법
흡입법	손수건, 티슈 등에 1~2방울 떨어뜨리고 심호흡을 하는 방법
확산법	아로마 램프, 스프레이 등을 이용하는 방법
습포법	온수 또는 냉수 1리터 정도에 5~10방울을 넣고, 수건을 담궈 적신 후 피부에 붙이는 방법

아로마 오일의 사용 시 주의사항

1. 반드시 희석해서 사용(원액을 점막이나 점액 부위에 직접 사용하지 않아야 함)
2. 사용하기 전에 첩포 테스트를 해야 함
3. 갈색 유리병에 넣고 밀봉 보관(공기와 빛에 쉽게 분해되므로)
4. 직사광선을 피하고 서늘하고 어두운 곳에 보관
5. 개봉한 정유는 1년 이내에 사용해야 함
6. 임산부, 고혈압, 간질 환자는 금지된 특정 정유에 주의

아로마 오일의 효능

1. 면역강화
2. 항염 및 향균 작용
3. 피부미용 및 진정 작용
4. 혈액순환 촉진
5. 화상, 여드름, 염증 치유에 효과적

아로마 오일의 종류

라벤더	피부재생 및 이완작용	패츌리	주름살 예방, 노화피부, 여드름, 습진에 효과
자스민	건조하고 민감한 피부에 효과	레몬그라스	여드름, 무좀에 효과, 모공 수축
제라늄	피지분비 정상화, 셀룰라이트 분해	오렌지	여드름, 노화피부에 효과
티트리	피부 정화, 여드름 피부, 습진, 무좀에 효과	로즈마리	피부 청결, 주름 완화, 노화피부, 두피 개선
팔마로사	건조한 피부와 감염 피부에 효과	그레이프 프루트	살균·소독작용, 셀룰라이트 분해작용
네롤리	건조하고 민감한 피부에 효과		

캐리어 오일(베이스 오일)

1. 식물의 씨를 압착하여 추출한 식물유
2. 아로마 오일을 효과적으로 피부에 침투시키기 위해 사용
3. 순수한 식물성 오일로 섭취해도 안정적이며, 마사지 할 경우 흡수를 도와줌
4. 아로마 오일과 블렌딩하여 사용하면 시너지 효과를 볼 수 있음

주요 캐리어 오일

호호바 오일	• 모든 피부 타입에 적합 • 인체의 피지와 화학구조가 유사하여 피부 친화성이 우수 • 쉽게 산화되지 않아 안정성이 우수 • 침투력 및 보습력이 우수 • 여드름, 습진, 건선피부에 사용
아보카도 오일	• 모든 피부 타입에 적합 • 비타민 E 풍부 • 비만 관리용으로 많이 사용
아몬드 오일	• 모든 피부 타입에 적합 • 비타민 A와 E 풍부 • 피부 보습력을 높여주고 건조 방지 효과
윗점 오일	• 비타민 E와 미네랄 풍부 • 피부노화 방지 효과 • 혈액순환 촉진 및 항산화 작용 • 습진, 건성피부, 가려움증에 효과
포도씨 오일	• 비타민 E 풍부 • 여드름 피부에 효과 • 피부 재생에 효과적이며 항산화 작용
살구씨 오일	• 건조 피부와 민감성 피부에 적합 • 습진, 가려움증에 효과 • 끈적임이 적고 흡수가 빠르며, 유연성이 좋음

피부 미백제

1 기능
- 피부에 멜라닌 색소 침착을 방지
- 기미·주근깨 등의 생성을 억제
- 피부에 침착된 멜라닌 색소의 색을 엷게 함

2 성분
알부틴, 코직산, 비타민 C 유도체, 닥나무 추출물, 뽕나무 추출물, 감초 추출물, 하이드로퀴논

피부 주름 개선제

1 기능
- 피부에 탄력을 주어 피부의 주름을 완화 또는 개선
- 콜라겐 합성·표피 신진대사·섬유아세포 생성을 촉진

2 성분
레티놀, 아데노신, 레티닐팔미테이트, 폴리에톡실레이티드레틴아마이드

자외선 차단제

1 기능
- 강한 햇볕을 방지하여 피부를 곱게 태워줌
- 자외선을 차단 또는 산란시켜 자외선으로부터 피부 보호

2 종류

자외선 산란제	• 성분: 티타늄디옥사이드, 징크옥사이드 • 무기 물질을 이용한 물리적 산란작용으로 자외선의 침투를 막아줌 • 피부에 자극을 주지 않고 비교적 안전하나 백탁현상이나 메이크업이 밀릴 수 있음
자외선 흡수제	• 성분: 벤조페논, 에칠헥실디메칠파바, 에칠헥실메톡시신나메이트, 옥시벤존 등 • 유기물질을 이용한 화학적 방법으로 자외선을 흡수와 소멸시킴 • 사용감이 우수하나 피부에 자극을 줄 수 있음

3 자외선차단지수(SPF, Sun Protection Factor)

$$SPF = \frac{\text{자외선 차단제를 사용했을 때의 최소 MED}}{\text{자외선 차단제를 사용하지 않았을 때의 최소 MED}}$$

* MED: 홍반을 일으키는 최소한의 자외선량

공중보건학

공중보건학

공중보건학의 개념

1 정의

공중보건학이란 조직적인 지역사회의 노력을 통하여 질병을 예방하고 수명을 연장하며 신체, 정신적 건강과 효율을 증진시키는 기술이며 과학(윈슬로우, C.E.A Winslow, 1920년)

2 목적

- 질병 예방, 수명 연장, 신체적, 정신적 건강 및 효율 증진
- 국민의 건강을 보호하고, 사회의 복지를 증진

3 범위

개인위생	개인의 청결과 건강을 유지하여 질병을 예방하는 활동
환경위생	공기, 물, 토양 등 외부 환경을 청결히 유지하여 건강을 보호하는 것
식품위생	식품의 생산, 가공, 저장, 운반, 판매 전 과정에서 오염을 방지하여 안전한 식품을 제공하는 것
산업위생	작업환경에서 발생하는 유해 요인을 제거하거나 감소시켜 근로자의 건강을 보호하는 것
학교보건	학생과 교직원의 건강을 보호하고 쾌적한 학습 환경을 조성하는 것
모자보건	임산부와 영유아의 건강을 보호하고 증진시키는 것
노인보건	고령자의 신체적, 정신적 건강을 유지하고 삶의 질을 향상시키는 것
정신보건	정신질환을 예방하고 심리적 안정을 유지하여 건전한 사회생활을 돕는 것

4 공중보건의 수준 평가방법

- 다른 나라와 보건 수준을 평가할 때 기준

평균 수명	0세의 평균여명
조사망률	1,000명당 1년간의 전체 사망자 수
비례사망률	전체 사망에 대한 특정 질병에 의한 사망을 백분율로 표시

- 다른 지역과 보건 수준을 평가할 때 기준

영유아사망률: 1,000명당 생후 1년 미만의 사망자 수

❺ 보건지표
- 한 사회나 국가의 건강 상태를 수치로 나타낸 것으로 보건 정책과 의료 서비스의 효과를 판단하는 자료로 활용
- 보건지표의 종류

조사망률	• 전체 인구 1,000명당 연간 사망자 수 • 국가의 전체 사망 수준을 파악하는데 활용
영아사망률	• 1세 미만 영아 1,000명당 사망자 수 • 보건 환경과 의료 수준을 평가하는 지표로 활용
비례 사망지수	전체 사망자 중 50세 이상의 사망자의 비율
평균 수명	• 한 사람이 평균적으로 기대할 수 있는 생존 연수 • 국가의 보건 수준과 생활 수준을 평가하는데 활용

건강과 질병

❶ 건강

단순히 허약하지 않은 상태만을 의미하는 것이 아니라 육체적, 정신적, 사회적으로 완전히 안녕한 상태 (WHO)

❷ 질병
- 심신의 전체 또는 일부가 일차적 또는 지속적으로 장애를 일으켜서 정상적인 생리 기능을 하지 못하는 상태
- 질병 발생의 3대 인자

병인	원충, 기생충, 온열, 한랭, 방사능, 화학약품, 강박신경증, 노이로제, 히스테리
숙주	연령, 성별, 유전, 직업, 개인위생, 식습관, 후천적 저항력, 건강상태
환경	기상, 계절, 지진, 쥐, 모기, 파리 등

보건행정

보건행정

❶ 정의

공중보건의 이론을 바탕으로 국민의 질병 예방, 생명 연장, 건강증진을 위해 국가 및 지방자치단체(보건소, 질병관리청, 보건복지부 등)가 주도적으로 수행하고 활동하는 공적인 행정 활동

❷ 목표

질병 예방, 환경 위생 향상, 영양 개선, 의료 서비스 제공, 건강증진 등

❸ 주요 기능

기획 및 정책수립	국민건강 증진을 위한 계획과 정책을 수립
보건사업의 시행	예방접종, 건강검진, 환경위생관리 등의 사업을 수행
감염병 관리	감염병 발생 시 신고, 역학조사, 격리, 방역 등의 조치를 시행
보건 통계 관리	질병 발생률, 사망률 등의 통계를 수집·분석하여 보건 정책에 활용
사회보험	사회에 대한 보정을 목적으로 건강, 노후, 사망, 실업, 산업재해의 사고를 대비한 강제보험 (우리나라 4대 보험: 국민연금, 건강보험, 고용보험, 산재보험)

❹ 범위

보건 관계 기록의 보존, 대중에 대한 보수교육, 환경위생, 감염병 관리, 모자보건, 의료 및 보건 간호 등의 범위로 규정(WHO)

사회보장과 세계보건기구

❶ 사회보장

모든 국민이 건강하고 최선의 생활을 영위할 수 있도록 질병, 부상, 사망 등에 대한 보험 급여를 실시하고 국민 보건 향상을 위해 해주어야 하는 것

❷ 사회보장을 위한 사회 보험

국민연금, 고용보험, 산재보험, 장기요양 보험

세계보건기구(WHO, World Health Organization)

❶ 1948년 설립, 본부는 스위스 제네바
❷ 한국은 1949년 회원국으로 가입

가족보건

❶ 모자보건

목적	모성(母性) 및 영유아의 생명과 건강을 보호하고 건전한 자녀의 출산과 양육을 도모함으로써 국민 보건 향상에 이바지(모자보건법)
모자보건의 3대 목표	산전 보호 관리, 산욕 보호 관리, 분만 보호 관리
대상	• 모성: 임산부(임신부 및 산후 6개월 미만 여성) 및 가임기 여성 • 아동: 영유아(출생 후 6년 미만)와 미취학 아동
주요 활동	• 산전·산후 관리: 정기 검진, 상담, 출산 준비 교육 등 • 예방접종: 영유아 필수 예방접종 실시 및 관리 • 선천성 기형 및 난청 검사: 신생아 선별 검사 지원 • 영유아 성장 발달 관리: 건강한 성장과 발달을 위한 관리 및 교육을 제공

❷ 가족계획

정의	가족 구성원의 수, 터울 및 출산 시기를 스스로 결정하도록 지원함으로써, 개인과 가족의 건강과 복지를 증진하는 모든 활동
목표	개인의 건강권을 보장하고 사회·경제적 안정을 도모
주요 활동	• 피임 교육 및 상담: 다양한 피임 방법 정보를 제공하고 선택을 지원 • 불임 및 난임 관리: 불임 검사 및 치료에 대한 정보 제공 및 지원 • 성교육: 청소년 및 성인을 대상으로 한 올바른 성 지식 및 책임감 있는 출산 교육을 실시 • 출산 및 양육 지원 정책 연계: 건강한 출산과 양육을 위한 국가 지원 정보를 제공

노인보건

정의	노년기에 발생하는 신체적·정신적·사회적 문제를 예방하고 건강을 유지하며 삶의 질을 향상하기 위한 포괄적인 보건관리 활동
대상	노인복지법 상의 노인(만 65세 이상) 또는 보건 정책상의 기준 연령 이상 인구
주요 활동	• 만성질환 관리: 고혈압, 당뇨병, 관절염 등 만성 퇴행성 질환의 예방 및 지속적인 관리 • 정신 건강: 우울증, 치매 등 정신질환의 조기 발견과 치료 및 예방 활동 • 기능 저하 예방: 신체 기능 및 인지 기능 유지를 위한 운동, 영양 교육, 재활 서비스를 제공 • 낙상 예방: 노인의 주요 손상 원인인 낙상 예방 교육 및 환경 개선 지원 • 노인 장기 요양보험 제도 연계: 돌봄이 필요한 노인에게 신체 활동 및 가사 활동 지원 등의 서비스를 제공

산업안전보건

❶ 산업재해
노동과정에서 발생하는 노동자의 심신 피해

❷ 산업안전대책 3대 요소
안전교육, 기술점검, 관리 및 규제

❸ 산업재해 3대 평가
도수율, 강도율, 빈도율

❹ 직업병

이상고온	열경련증 등
이상기압	(고압일 경우)잠함병 등
분진	석폐증(석탄), 규폐증(규석) 등
중금속	이따이이따이(카드뮴), 미나마타(수은) 등

▶ 인구문제와 가족계획

① 인구문제

증가	3M(기아, 질병, 사망)과 3P(인구, 빈곤, 공해)
감소	노동력이 부족할 경우 경제발전에 저하

② 인구조사(국세조사)

5년마다 11월 1일에 인구조사 시행

③ 인구구조(인구구성)

피라미드형	출생률 > 사망률, 인구 증가
항아리형	출생률 < 사망률, 인구 감소
종형	출생률 = 사망률, 인구 정지
별형	청년층 > 노년층, 도시형
호로형	청년층 < 노년층, 농촌형

📋 환경보건

▶ 환경보건 정의와 관리 영역

① 환경오염과 유해화학물질 등이 사람의 건강과 생태계에 미치는 영향을 조사·평가하고 이를 예방·관리하는 것(환경보건법)

② 주요 관리 영역: 인간이 생활하는 환경 전반

물 관리	상수원 보호, 먹는 물 수질 관리, 하수 및 폐수 처리
공기 질 관리	대기 오염 물질을 감시하고 통제하며, 실내 공기 질을 관리
폐기물 관리	쓰레기 및 유해 폐기물을 안전하게 처리하고 재활용
소음 및 진동 관리	생활 소음 및 산업 소음을 규제하고 관리
화학 물질 및 유해 물질 관리	환경 중 유해 화학 물질의 노출을 평가하고 통제
기후 변화와 건강 관리	기후 변화로 인한 폭염, 한파, 감염병 변화 등에 대비하고 대응

▶ 기후

① 기후의 3대 요소: 기온, 기습, 기류

② 온열 작용의 4대 요소: 기온, 습도, 기류, 복사열

③ 실내 쾌적 온열 조건: 기온 18~20℃, 상대 습도 40~70%

❹ 불쾌지수: 사람이 느끼는 더위와 불쾌감을 수치로 나타낸 지표

70 이상	10%의 사람이 불쾌감 느낌
75 이상	50%의 사람이 불쾌감 느낌
80 이상	사람들의 대부분이 짜증냄
85 이상	거의 모든 사람들이 불쾌감 느낌

공기

❶ 공기의 조성

| 정의 | 지구 대기를 구성하는 기체의 혼합물 |
| 특징 | 질소, 산소, 아르곤, 이산화탄소 등이 주된 성분이며, 수증기나 미세먼지 등은 그 양이 변동하는 부성분 |

❷ 성분별 특징

질소	• 조성 비율: 건조 공기의 약 78%를 차지하여 가장 많은 양을 차지 • 생리적 역할: 인체 생리 작용에 직접적인 영향을 주지 않는 불활성 기체
산소	• 조성 비율: 건조 공기의 약 21%를 차지하며, 생명 유지에 필수적인 기체 • 생리적 역할: 체내에서 세포 호흡에 사용된다. 영양분을 산화시켜 에너지를 생산 • 농도 변화의 영향: 18% 이하에서는 산소 결핍 증상이 발생
이산화탄소	• 조성 비율: 건조 공기의 약 0.04%로 매우 적은 양을 차지 • 생리적 역할: 인체에서는 세포 호흡의 결과물로 발생하며, 혈액의 pH를 조절하는 중요한 역할 • 환경적 역할: 지구의 온실 효과에 기여하는 주요 기체

대기오염

정의	인위적인 행위에 의해 발생된 오염물질이 사람, 동식물의 생명 또는 재산에 해가 될 정도로 충분한 양, 충분한 시간 동안 대기 중에 존재하는 상태
물질	일산화탄소(CO), 질소산화물(NO), 황산화물(SO), 탄화수소(HC), 분진 등
유형	산성비, 스모그, 기온역전, 온난화, 오존층 파괴 등

수질 환경

❶ 물의 경도

물속에 녹아 있는 미네랄 이온의 양으로 구분

| 경수 | 수소와 산소로 이루어진 보통 물로 칼슘과 마그네슘의 함량이 많아 거품이 잘 일어나지 않음 |
| 연수 | 칼슘과 마그네슘 같은 미네랄 이온이 들어있지 않은 물로 거품이 잘 일어남 |

❷ 물의 보건상 문제

오염된 물로 인해 장티푸스, 콜레라, 이질, 파라티푸스, 유행성간염 등 수인성 감염병 야기

❸ 상수
- 상수란 생활용수, 공업용수, 농업용수 등으로 사용하기 위해 인위적으로 정수 처리한 깨끗한 물
- 상수의 위생 기준은 탁도, 냄새, 색도, 세균수, 잔류염소량 등을 포함하며, 수돗물은 인체에 해가 없는 수준으로 관리
- 상수의 주요 공급원은 지하수, 하천수, 저수지 등이며, 정수장의 여러 과정을 거쳐 안전하게 공급

❹ 상수의 정수 과정

집수 ⇨ 응집 ⇨ 침전 ⇨ 여과 ⇨ 소독(염소) ⇨ 급수

응집	물 속의 미세한 불순물을 화학약품(응집제)을 사용하여 뭉치게 하는 과정
침전	응집된 물질을 침전지에서 가라앉히는 과정
여과	모래층이나 활성탄층을 통과시켜 남은 불순물을 제거
소독	염소나 오존을 이용해 세균, 바이러스 등을 살균

Tip 염소(Cl2) 소독

소독 효과가 빠르고 침전물이 생기지 않으며 주입 시 조작이 간편하나, 냄새와 맛이 나며 자극적임

❺ 하수
- 하수란 생활, 산업, 농업 활동 후 배출되는 오염된 물
- 하수는 미생물, 유기물, 화학물질 등이 포함되어 있으며, 그대로 방류할 경우 수질 오염과 악취, 전염병의 원인
- 하수의 적절한 처리는 수질 오염 방지뿐만 아니라 지역의 위생환경을 개선하는 데 중요한 역할

❻ 하수의 정화 과정

침사지 ⇨ 폭기조(생물학적 처리) ⇨ 소독

침사지	모래, 자갈 등 큰 입자를 제거하는 과정
폭기조	미생물이 유기물을 분해하여 정화하는 과정
소독	처리된 물에 남은 세균을 제거하고 하천으로 방류

❼ 하수 오염 지표

생화학적 산소요구량(BOD)	• 물의 오염도를 생물학적으로 측정하는 방법 • BOD가 높을수록 오염된 물
화학적 산소요구량(COD)	화학적 방법으로 물을 정화할 때 필요한 산소량
용존산소량(DO)	• 물에 녹아 있는 산소량 • DO가 높을수록 적은 오염 • 온도가 낮을수록 DO 증가
부유물질(SS)	오염물이나 쓰레기가 부유하지 않아야 함
수소이온농도(PH)	PH7 미만은 산성, PH7 초과는 알카리성(염기성)

주거 및 의복 환경

❶ 주거환경

- 채광 조건

창의 크기	실내 바닥면적의 1/5~1/7 정도
창의 높이	벽 높이의 1/3정도
창의 방향	남향
개각	4~5° 이상(각이 클수록 밝음)
입사각	28° 이상(각이 클수록 밝음)

- 조명의 종류

직접 조명	광원이 직접 빛을 비춤(서치라이트)
간접 조명	반사광이 물건을 비춤
전체 조명	전체적으로 밝게 비춤
부분 조명	정밀작업할 때 부분을 비춤

❷ 의복 환경

- 신체보호기능, 체온조절, 사회생활, 신체 청결, 미용 등에 용이할 것
- 온도, 습도, 기류 등에 조절력이 양호할 것
- 활동에 적합하고 감촉이 좋을 것
- 세탁이 쉽고, 오염에 강할 것

📑 식품위생과 영양

식품위생과 식중독

식품위생	식품, 식품첨가물, 기구 또는 용기·포장을 대상으로 하는 음식물에 관한 위생
식중독	식중독은 오염된 식품이나 물을 섭취함으로써 인체에 이상을 일으키는 질병으로, 원인에 따라 세균성 식중독, 자연독 식중독, 화학성 식중독 등으로 구분

식중독의 분류

❶ 세균성 식중독

감염형 식중독	살모넬라	오염된 날고기, 달걀, 소고기 및 잘 씻지 않은 채소, 과일 등
	장염비브리오	염된 어패류, 오염 어패류에 접촉한 도마, 식칼, 행주에 의한 2차 감염
	병원성 대장균	오염된 우유, 치즈, 김밥, 두부, 도시락 등의 섭취

독소형 식중독	포도상구균	오염된 우유, 유제품, 떡, 김밥, 도시락
	보툴리누스균	오염된 육류, 소시지, 통조림제품 ※ 치사율이 높음
	웰치균	오염된 수육 및 육가공 식품, 어패류

❷ 자연성 식중독

식물성 식중독	무스카린(독버섯), 솔라닌(감자 싹), 아미그달린(살구씨와 복숭아씨 속 약용 성분)
동물성 식중독	테트로톡신(복어), 베네루핀(굴의 내장)

❸ 화학성 식중독

- 농약, 세제, 중금속, 식품첨가물 등 화학물질에 의한 식중독
- 농산물에 남은 농약, 오래된 통조림의 납, 식품가공 중 과다한 보존료나 착색제 등이 원인
- 증상은 구토, 어지러움, 호흡곤란, 신경장애 등 다양하며, 화학물질 오·남용을 철저하게 관리

▶ 식품의 보존

❶ 물리적 보존법

물리적인 조건을 변화시켜 미생물의 생육을 억제하거나 사멸시키는 방법

저온저장법	냉장(0~5℃) 또는 냉동(-18℃ 이하)하여 미생물의 증식을 억제
가열살균법	일정한 온도에서 가열하여 병원균과 효소를 파괴
건조법	수분을 제거하여 미생물이 번식할 수 없는 환경을 조성
진공포장 및 밀봉법	산소를 차단하여 부패를 방지
방사선 조사법	감마선 등을 조사하여 식품 속 미생물을 제거

❷ 화학적 보존법

화학물질을 사용하여 부패를 지연시키거나 미생물의 번식을 억제하는 방법

소금 절임	고농도의 염분이 미생물의 수분 활동을 억제
설탕 절임	삼투압 작용으로 미생물의 생장을 억제
식초 절임(산성화)	낮은 pH로 세균의 생육을 억제
보존료 사용	아황산나트륨, 안식향산나트륨 등 합성 보존제를 사용하나, 기준량을 초과 금지

▶ 기생충 질환

❶ 선충류

회충	가장 높은 감염률
십이지장충(구충)	경구 및 경피 침입
요충증	집단감염률과 유아감염률 높음
말레이사상충	모기에 의해 감염

❷ 조충류

민촌충(무구조충)	덜 익은 소고기
갈고리촌충(유구조충)	덜 익은 돼지고기
긴촌충(광절열두조충)	덜 익은 연어, 농어 등

❸ 흡충류

간흡충증(간디스토마)	• 1차 숙주: 쇠우렁이 • 2차 숙주: 잉어, 붕어
폐흡충증(폐디스토마)	• 1차 숙주: 다슬기 • 2차 숙주: 가재, 게
요꼬가와흡충증	• 1차 숙주: 다슬기 • 2차 숙주: 은어

영양

❶ 영양소의 3대 기능

열량 공급	체내의 에너지원으로 탄수화물, 단백질, 지방으로 구성
조직구성	단백질, 무기질, 물을 중심으로 구성
생리기능 조절	단백질, 지방, 탄수화물, 무기질, 비타민으로 구성

❷ 3대·4대·5대 영양소

구분	포함되는 영양소	주요 작용
3대 영양소	단백질, 탄수화물, 지방	열량 공급, 구성
4대 영양소	단백질, 탄수화물, 지방, 무기질	인체 구성 작용
5대 영양소	단백질, 탄수화물, 지방, 무기질, 비타민	인체 구성·조절 작용

❸ 비타민(결핍 시 증상)

구분	비타민	결핍 시 나타나는 증상
지용성	비타민 A	야맹증, 안구건조증
	비타민 D	구루병
	비타민 E	노화 촉진, 적혈구 용혈
	비타민 F	피부 건조
	비타민 K	혈액응고 지연
수용성	비타민 B1(티아민)	식욕부진, 신경장애
	비타민 B2(리보플라빈)	구각염
	비타민 B3(나이아신)	펠라그라병
	비타민 B6(피리독신)	단백질 대사 장애, 피부염
	비타민 B12(코발라민)	악성 빈혈
	비타민 C	괴혈병

❹ 무기질(결핍 시 증상)

무기질	결핍 시 나타나는 증상
철분(Fe)	빈혈
인(P)	뼈 발육 장애
아이오딘(I)	갑상선 기능 장애
칼슘(Ca)	뼈와 치아 발육 불량
나트륨(Na) / 칼륨(K)	근육 경련, 신경전달 장애, 전해질 불균형

미생물 총론

미생물 개요

정의	육안으로 볼 수 없는 생물(짚신벌레, 해캄, 콜레라균, 장티푸스, 야광충, 누룩곰팡이)
역사	• 1665년 로버트 훅이 복합 광학현미경을 조립하여 코르크를 관찰하면서 발견한 작은 방의 구조를 보고 세포로 명칭 • 1675년 레벤후크는 현미경을 발명하여 미생물을 최초로 관찰하고 미소동물이라고 명명 • 1864년 루이 파스퇴르는 저온살균법을 처음으로 고안하였으며 발효·부패 미생물설, 자연발생설 부정 • 1882년 로베르트 코흐는 최초로 특정한 세균이 질병을 일으킴을 증명하고 하나의 미생물이 하나의 특정한 질병을 일으킨다는 병원균설을 확립하였으며 결핵균을 발견

미생물의 분류

❶ 병원성 미생물

바이러스	• 핵산과 단백질로만 이루어져 숙주에 의존해서 생활 • 간염 바이러스를 제외하고 열과 소독에 비교적 약함(종류에 따라 저항성 차이가 있음) • 수두, 인플루엔자, 소아마비, 유행성 이하선염, 광견병, AIDS, 간염, 천연두 등
세균	• 살아있는 생물이나 동물 조직에 침입하여 서식 • 번식 속도가 빨라 조직 내에서 유해 물질을 발생시켜 질병을 확산 • 둥근모양(구균), 막대모양(간균), 가늘고 긴 만곡된 모양(나선균) 등
리케차	• 세균처럼 단독 세포로 존재 • 절지동물에 기생하여 급성 열성 질환으로 발열, 피부발진, 맥관염 등의 증상 • 인수공통의 미생물 병원체
진균	• 곰팡이, 효모, 버섯류 등의 진균으로 박테리아보다 큰 진핵 세포로 구성 • 균사라고 하는 가는 실 모양의 세포로 이루어져 있고 격벽의 유무로 균류를 구분 • 무좀, 칸디다증 등의 피부질환을 야기

❷ 비병원성 미생물

　발효균, 효모균, 유산균 등

미생물 생육에 영향 주는 외인성 인자

온도		• 최적온도: 미생물이 가장 빠르게 성장하는 온도 • 대부분의 병원성 세균은 인체 온도인 약 37℃
상대습도		• 식품 표면 및 주변 환경의 습도에 영향을 주고, 미생물 성장에 중요하게 작용 • 높은 상대습도는 대부분의 미생물 성장에 유리
대기 기체 조성 (산소 존재 여부)	호기성 미생물	산소가 필요한 미생물
	혐기성 미생물	산소가 없는 환경에서 성장
	미호기성 미생물	매우 낮은 산소농도가 최적
	통성혐기성 미생물	산소 유무와 상관없이 성장

역학과 감염병

감염병 발생 3대 요소

❶ 숙주

- 환자
- 보균자(건강보균자가 관리하기 가장 어려움)
- 병원체 보유 동물

쥐	페스트, 서교증, 와일씨병 등
들토끼	야토병 등
개	광견병(=공수병) 등
말	탄저병, 비저병 등

❷ 환경(감염 경로)

직접감염	직접 접촉	임질, 매독, 공수병, 서교병 등
	비말감염	결핵, 디프테리아, 백일해, 성홍열 등
간접감염	활성전파체감염	이(발진티푸스, 재귀열), 벼룩(페스트, 발진열), 파리(이질, 콜레라), 모기(일본뇌염, 황열, 말라리아) 등
	비활성전파체감염	식품(장티푸스, 파라티푸스, 이질), 물(장티푸스, 파라티푸스, 이질) 등

침입경로별 감염병
- 호흡기: 결핵, 나병, 디프테리아, 백일해, 조류독감, 인플루엔자 등
- 소화기: 콜레라, 세균성이질, 장티푸스, 폴리오, 식중독 등
- 피부: 파상풍, 와일씨, 야토병, 페스트 등

❸ 병인
세균, 바이러스, 기생충, 독소, 화학물질 등 질병을 직접 일으키는 원인

▶ 면역

구분	선천적 면역	후천적 면역
형성 시기	출생 시부터 존재	감염·예방접종 후 형성
특이성	비특이적	특이적
반응 속도	빠름	느림
면역 기억	없음	있음
항체 생성	없음	있음
주요 역할	1차 방어	2차 방어

▶ 검역

❶ 국내외로 입·출국하는 항공기, 사람 및 화물을 검역하는 국가의 보건 조치와 검역감염병 예방을 위한 조치
❷ 검역감염병의 종류: 메르스, 에볼라바이러스, 황열, 콜레라, 폴리오, 페스트, 중증급성호흡기증후군, 신종인플루엔자감염증, 동물(조류)인플루엔자인체감염증

▶ 법정감염병

1급 감염병 (18종)	• 전파속도 빠르고 위험, 발생 즉시 신고, 격리 필요 • 두창, 페스트, 탄저, 보툴리눔독소증, 야토병, 신종인플루엔자감염증, 디프테리아, 신종감염병증후군 등
2급 감염병 (21종)	• 24시간 이내 신고, 격리 필요 • 결핵, 수두, 홍역, 콜레라, 장티푸스, 파라티푸스, 세균성이질, 장출혈성대장균감염증, A형간염, 백일해, 유행성이하선염, 폴리오, 한센병, 성홍열, 풍진, 수막구균감염증 등
3급 감염병 (28종)	• 24시간 이내 신고, 계속 감시 • 파상풍, B형간염, 일본뇌염, 황열, 뎅기열, C형간염, 말라리아, 레지오넬라증, 비브리오패혈증, 발진티푸스, 발진열, 쯔쯔가무시증, 렙토스피라증, 브루셀라증, 공수병, 후천성면역결핍증(AIDS), 매독 등
4급 감염병 (23종)	• 7일 이내 신고, 표본 감시 • 코로나바이러스감염증-19, 회충증, 편충증, 요충증, 간흡충증, 폐흡충증, 장흡충증, 수족구병, 임질, 살모넬라균 감염증, 장염비브리오균 감염증 등

소독

소독의 개요

1 정의

소독의 협의적 의미는 병원 미생물의 생활력을 제거하여 감염력을 없애는 것이며, 광의적 의미는 병원 또는 비병원성 미생물을 죽이거나 감염력의 증식력을 없애는 조작으로서 살균과 방부, 멸균을 포함

2 관련 용어

멸균	미생물 또는 포자까지 사멸 또는 제거
살균	물리적·화학적 작용으로 죽이는 것, 내열성포자는 존재
소독	살균작용으로 병원성 미생물의 생활력과 감염력을 제거
방부	병원 미생물의 발육과 작용을 정지, 지연
오염	물체 내면이나 표면에 병원체가 부착
침입	세균이 인체 내로 들어가는 것
감염	병원체가 인체에 침입하여 발육, 증식

소독 기전

산화 작용	과산화수소, 염소, 과망간산칼륨, 오존
균체 단백질 응고	산, 알칼리, 석탄산, 알코올, 크레졸, 포르말린, 승홍
균체 효소계의 침투 작용	석탄산, 알코올, 역성비누
가수분해 작용	강산, 강알칼리, 열탕수
중금속염의 형성	승홍, 머큐로크롬, 질산은
핵산 작용	자외선, 방사선, 포르말린, 에틸렌옥사이드
탈수 작용	식염, 설탕, 포르말린, 알코올
세포막의 삼투성 변화 작용	석탄산, 역성비누, 중금

소독법의 분류

1 자연소독법

희석	희석자체에 의한 살균효과는 없으나 발육을 지연시켜 세균 수 감소 효과
태양광선	자외선에 의한 살균 파장은 2,900~3,200 Å, 이불, 수건, 의류, 침구류 등을 소독
한랭	저온 소독법으로 세균의 발육이 저하되지만 사멸 효과는 없음

❷ 물리적 소독법

● 가열처리법

종류		소독방법
자비 소독법		• 100℃ 끓는 물에 15~20분간 삶아 소독 • 아포균의 완전 소독 불가능 • 석탄산, 크레졸 첨가하면 소독력 상승
건열 멸균	화염 멸균법	• 불을 직접 접촉하여 미생물을 멸균 • 금속류, 유리, 이·미용도구, 바늘 등
	소각법	• 불에 태워 멸균하는 방법으로 가장 확실 • 오염된 수건, 휴지, 쓰레기 등
	건열 멸균법	• 160~170℃ 건열멸균기에서 1~2시간 처리 • 유리 기구, 분말, 금속류 등
습 열 멸 균	고압증기 멸균법	• 고압증기멸균기 사용 • 10Lbs/30분, 15Lbs/20분, 20Lbs/15분 • 포자균 멸균에 적합 • 의류, 기구, 고무제품 등
	유통증기 멸균법	• 1일 1회 30분씩 3회 간헐 멸균(코흐 멸균법) • 식기류, 도자기류, 주사기, 의류소독 등
	저온 살균법	• 포자 형성 않은 유제품 등 살균 • 우유(65℃. 30분간), 포도주(55℃, 10분간)
	초고온 순간멸균	• 135℃에서 2초간 처리 • 순간적 열처리 방법, 영양소 파괴 적음

● 무가열처리법

종류	소독방법
자외선 멸균법	• 자외선 중 2,650 Å의 파장을 사용하여 멸균 • 무균실, 식품, 기구 등
세균 여과법	• 열에 불안정한 액체를 여과하여 멸균 • 화학물질, 액체물질 등
초음파 멸균법	• 초음파로 살균 • 식품, 시약, 액체 등
방사선 멸균법	• 방사선원을 이용하여 살균 • 용기, 플라스틱 제품, 목재 등
냉동법	• 균의 번식과 활동 억제, 살균효과는 없음 • 식품 저장 등
희석	• 일정 농도 이상의 균주를 소독 • 환자 배설물 등

❸ 화학적 소독법

소독제	특징
석탄산 (3%)	• 피부 점막 자극, 냄새, 독성 강함 • 금속부식 • 단백질 응고, 세포용해, 균체효소 침투작용 • 환자복, 오물, 배설물 등 • 석탄산계수 = 소독약의 희석배수 / 석탄산의 희석배수
크레졸 (3%)	• 냄새가 강함 • 바이러스는 소독 효과 적으나, 세균 소독 효과 높음 • 손, 오물, 객담 등(손 소독의 크레졸 농도는 1%)
알코올 (70%)	• 무포자 형성균에는 소독 효과 있음 • 아포에는 소독 효과 없음 • 피부, 가구 소독 등
승홍 (0.1%)	• 맹독성이며 금속 부식 강함 • 식기류나 피부 소독에는 부적합 • 배설물 등
생석회 (생석회 분말 : 물 = 1~2 : 9~8)	• 무아포균에 소독 효과 • 장기간 공기노출 시 살균력 저하 • 분변, 오수, 토사물 등
과산화수소 (3%)	• 무포자균을 살균하며, 자극성 적음 • 구내염, 인두염, 구강세척 등
역성비누 (0.01%~0.1%)	• 자극성과 독성 적음 • 포도상구균, 결핵균에 유효 • 인체소독, 피부 소독
포름알데히드 (35~40%)	• 미생물에 강한 살균력 • 자극적인 냄새와 독성으로 눈과 피부 점막에 부적합 • 금속, 고무, 플라스틱 재질 제품 등
포르말린 (0.02~0.1%)	• 강한 자극성 • 의류, 도자기, 목제품, 셀룰로이드 등
붕산 (상처 3%, 방부세척 1~3%)	• 무색광택의 결정성 분말 • 살균력은 약하나 자극 적음 • 인체소독, 피부소독
염소제 (표백분, 차아염소산나트륨)	• 독성 강하고 가격 저렴 • 금속부식, 피부 자극 유발 • 표백, 방취, 방부에 효과적 • 수영장, 목욕탕, 하수 등
머큐크롬액 (2%)	• 살균력은 약하나 자극 적음 • 피부 상처, 점막 등
약용비누	• 살균과 세정효과 • 손, 피부 소독, 창상 소독 등

① 미용실의 실내 환경 위생 소독

- 24시간 평균 실내 미세먼지의 양이 150μg/m^{3}을 초과하는 경우 실내공기 정화 시설 및 설비를 기준 이하로 관리한다.
- 오염물질의 종류와 허용기준

오염물질종류	오염허용기준
미세먼지(PM-10)	24시간 평균치 150μg/m^{3}이하
일산화탄소(CO)	1시간 평균치 10ppm이하
이산화탄소(CO2)	1시간 평균치 1,000ppm이하

② 미용실 도구와 기기 소독

실내 및 기구 소독	크레졸, 차아염소산나트륨, 알코올 등
가위, (수동)클리퍼	70% 에탄올, 고압증기멸균기
레이저 기기	알코올을 이용한 표면 소독(열 · 증기 소독 금지)
빗류	자외선 소독기
타월 · 가운류	자비소독, 증기소독, 역성비누, 일광소독
기타 도구	70% 에탄올

③ 소독 기준 및 방법(공중위생관리법 시행규칙)

자외선소독	1cm^{2}당 85μW이상의 자외선을 20분 이상 처리
건열멸균소독	섭씨 100℃ 이상의 건조한 열에서 20분 이상 처리
증기소독	섭씨 100℃ 이상의 습한 열에서 20분 이상 처리
열탕소독	섭씨 100℃ 이상의 물에서 10분 이상 끓임
석탄산수소독	3% 농도의 석탄산수에 10분 이상 담금
크레졸소독	3% 농도의 크레졸수에 10분 이상 담금
에탄올소독	70% 농도의 에타올수용액에 10분 이상 담금 또는 에탄올수용액을 적신 면(거즈)으로 기구 표면을 닦음

공중위생관리법

공중위생관리법

공중위생관리법 목적 및 정의

❶ 목적
공중이 이용하는 영업의 위생관리 등에 관한 사항을 규정함으로써 위생수준을 향상시켜 국민의 건강 증진에 기여

❷ 정의

공중위생영업	다수인을 대상으로 위생관리 서비스를 제공하는 영역으로 숙박업, 목욕장업, 이용업, 미용업, 세탁업, 건물위생관리업을 의미
피부미용업	의료기기나 의약품을 사용하지 아니하는 피부상태분석·피부관리·제모(除毛)·눈썹손질을 하는 영업

영업의 신고 및 폐업

영업의 신고	• 공중위생영업의 종류별로 보건복지부령이 정하는 시설 및 설비를 갖추고 시장·군수·구청장에게 신고 • 구비 서류: 영업시설 및 설비개요서, 교육수료증(미리 교육을 받은 경우에만 해당), 면허증(이용업·미용업의 경우에만 해당)
영업의 변경 신고	보건복지부령이 정하는 아래의 중요사항을 변경하고자 하는 때에도 시장·군수·구청장에게 신고해야 함 • 영업소의 명칭 또는 상호 • 영업소의 주소 • 신고한 영업장 면적의 1/3 이상의 증감 • 대표자의 성명 또는 생년월일
영업의 폐업 신고	• 공중위생 영업자는 영업을 폐업한 날로부터 20일 이내에 시장·군수·구청장에게 신고 • 면허를 소지하지 아니한 자가 상속인이 된 경우, 그 상속인은 상속받은 날로부터 3개월 이내에 폐업 신고
영업의 승계	• 양수·양도, 상속, 법인 합병의 경우 영업 승계 • 해당 영업에 필요한 면허를 소지한 자만 승계 가능 • 승계한 자는 1개월 내 시장·군수·구청장에게 신고

> ## 영업자 준수사항

❶ 미용업자 준수사항
공중위생영업자는 고객에게 건강상 위해 요인이 발생하지 아니하도록 영업 관련 시설 및 설비를 위생적이고 안전하게 관리

❷ 미용업자 위생관리 기준
- 의료기구와 의약품을 사용하지 아니하는 순수한 화장 또는 피부미용을 할 것
- 미용기구는 소독을 한 기구와 소독을 하지 아니한 기구로 구분하여 보관
- 면도기는 1회용 면도날만을 손님 1인에 한하여 사용
- 영업장 안의 조명도는 75럭스 이상을 유지
- 영업소 내부에 미용업 신고증, 개설자의 면허증 원본 게시
- 최종지급요금표(부가가치세, 재료비 및 봉사료 등일 포함된 요금표)를 영업소 안에 게시. 단, 영업장 면적이 $66m^2$ 이상인 영업소는 외부에도 요금표 게시
- 3가지 이상 서비스를 제공하는 경우 개별 서비스 가격 및 총액의 내역서를 고객에게 미리 제공하고, 해당 내역서 사본을 1개월 이상 보관

> ## 면허

면허발급 자격 기준	• 전문대학 또는 이와 같은 수준 이상의 학력이 있다고 교육부장관이 인정하는 학교에서 미용에 관한 학위를 취득한 자 • 「학점인정 등에 관한 법률」에 따라 대학 또는 전문대학을 졸업한 자와 같은 수준 이상의 학력이 있는 것으로 인정되어 같은 법 제9조에 따라 미용에 관한 학위를 취득한 자 • 고등학교 또는 이와 같은 수준의 학력이 있다고 교육부장관이 인정하는 학교에서 미용에 관한 학과를 졸업한 자 • 초·중등교육법령에 따른 특성화고등학교, 고등기술학교나 고등학교 또는 고등기술학교에 준하는 각종 학교에서 1년 이상 미용에 관한 소정의 과정을 이수한 자 • 국가기술자격법에 의한 미용사 자격을 취득한 자
면허 결격사유	• 피성년후견인 • 「정신건강증진 및 정신질환자 복지서비스 지원에 관한 법률」에 따른 정신질환자. 단, 전문의가 미용사로서 적합하다고 인정하는 사람은 제외 • 공중의 위생에 영향을 미칠 수 있는 감염병 환자(결핵)로서 보건복지부령이 정하는 자. 단, 비감염성인 경우 제외 • 마약 기타 대통령령으로 정하는 약물 중독자(대마 또는 향정신성의 약품 중독자) • 면허가 취소된 후 1년이 경과되지 아니한 자

면허 취소	• 피성년후견인, 정신질환자, 감염병자, 마약 기타 대통령령으로 정하는 약물 중독자 • 면허증을 다른 사람에게 대여한 때 • 「국가기술자격법」에 따라 자격이 취소된 때 • 「국가기술자격법」에 따라 자격정지 처분을 받은 때 • 이중으로 면허를 취득한 때 • 면허정지처분을 받고도 그 정지 기간 중에 업무를 한 때 • 「성매매알선 등 행위의 처벌에 관한 법률」이나 「풍속영업의 규제에 관한 법률」을 위반하여 관계기관의 장으로부터 그 사실을 통보받은 때

■ 업무

① 미용사의 업무범위

미용사의 면허를 받지 아니한 자는 미용업을 개설하거나 그 업무에 종사 불가. 다만, 미용사의 지도/감독을 받아 미용 업무의 보조를 행하는 경우는 가능

더 알아보기

업무의 보조범위
- 미용 업무를 위한 사전 준비에 관한 사항
- 미용 업무를 위한 기구 · 제품 등의 관리에 관한 사항
- 영업소의 청결 유지 등 위생관리에 관한 사항
- 그 밖에 머리감기 등 미용 업무의 보조에 관한 사항

② 미용업의 영업범위

미용 업무는 영업소 외의 장소에서 행할 수 없으나, 보건복지부령이 정하는 아래의 특별한 사유가 있는 경우 가능
- 질병 · 고령 · 장애나 그 밖의 사유로 영업소에 나올 수 없는 자에 대해 미용을 하는 경우
- 혼례나 그 밖의 의식에 참여하는 자에 대해 그 의식 직전에 미용을 하는 경우
- 사회복지시설에서 봉사활동으로 미용을 하는 경우
- 방송 등의 촬영에 참여하는 사람에 대하여 그 촬영 직전에 미용을 하는 경우
- 그 외 특별한 사정이 있다고 시장 · 군수 · 구청장이 인정하는 경우

▶ 행정지도감독

영업소 출입 검사	• 공중위생관리상 필요하다고 인정하는 때에는 공중위생영업자에 대하여 필요한 보고를 하게 함 • 소속 공무원으로 하여금 영업소, 사무소 등에 출입하여 공중위생영업자의 위생관리의무 이행 등에 대하여 검사하게 하거나 필요에 따라 공중위생영업장 서류를 열람
영업 제한	공익상 또는 선량한 풍속을 유지하기 위하여 필요하다고 인정하는 때에는 공중위생영업자 및 종사원에 대하여 영업시간 및 영업행위에 관한 필요한 제한을 할 수 있음(시 · 도지사의 권한)

영업소 폐쇄	시장·군수·구청장은 미용업자가 아래의 사항을 위반하면 6개월 이내의 기간을 정하여 영업의 정지 또는 일부 시설의 사용중지 및 폐쇄를 명할 수 있음 • 영업신고를 하지 아니하거나 시설과 설비기준을 위반한 경우 • 변경신고나 지위승계신고를 하지 아니한 경우 • 위생관리의무 등을 지키지 아니한 경우 • 영업소 외의 장소에서 미용 업무를 한 경우 • 관계 공무원의 출입, 검사 또는 공중위생영업 장부 또는 서류의 열람을 거부, 방해하거나 기피한 경우 •「성매매알선 등 행위의 처벌에 관한 법률」,「풍속영업의 규제에 관한 법률」,「청소년보호법」,「아동·청소년의 성보호에 관한 법률」또는「의료법」을 위반하여 관계 행정기관의 장으로부터 그 사실을 통보받은 경우
영업소 폐쇄 명령 위반 시 조치사항	• 해당 영업소의 간판, 기타 영업표지물의 제거 • 해당 영업소가 위법한 영업소임을 알리는 게시물 등의 부착 • 영업을 위하여 필수불가결한 기구 또는 시설물을 사용할 수 없게 하는 봉인

공중위생감시원 임명(시·도지사, 시장·군수·구청장 권한)

자격	• 위생사 또는 환경기사 2급 이상의 자격증이 있는 사람 •「고등교육법」에 따른 대학에서 화학, 화공학, 환경공학 또는 위생학 분야를 전공하고 졸업한 사람 또는 법령에 따라 이와 같은 수준 이상의 학력이 있다고 인정되는 사람 • 외국에서 위생사 또는 환경기사의 면허를 받은 사람 • 1년 이상 공중위생 행정에 종사한 경력이 있는 사람
업무범위	• 공중위생영업 관련 시설 및 설비의 위생상태 확인, 검사, 위생관리의무 및 영업자 준수사항 이행 여부 확인 • 위생지도 및 개선명령 이행여부의 확인 • 영업의 정지, 일부 시설의 사용중지 또는 영업소 폐쇄명령 이행여부의 확인 • 위생교육 이행여부의 확인

명예공중위생감시원 임명(시·도지사 권한)

자격	• 공중위생에 대한 지식과 관심이 있는 자 • 소비자단체, 공중위생관련 협회 또는 단체의 직원 중에서 당해 단체 등의 장이 추천하는 자
업무	• 공중위생감시원이 행하는 검사대상물의 수거 지원 • 법령 위반행위 시에 대한 신고 및 자료 제공 • 공중위생에 관한 홍보·계몽 등 공중위생관리업무와 관련하여 시·도지사가 따로 정하여 부여하는 업무

업소 위생 등급

❶ 위생서비스 평가
- 시 · 도지사가 위생서비스 평가 계획 수립
- 시장 · 군수 · 구청장은 수립된 계획에 따라 평가
- 시장 · 군수 · 구청장이 인정하는 경우 관련 기관에서 평가 실시

❷ 위생서비스 수준의 평가 주기
- 2년 마다 실시

❸ 위생등급
- 위생관리등급의 구분

최우수업소	우수업소	일반관리대상 업소
녹색등급	황색등급	백색등급

- 위생관리등급의 공표
  - 시장 · 군수 · 구청장은 위생서비스 평가결과에 따른 위생관리등급을 해당 공중위생영업자에게 통보하고 이를 공표
  - 공중위생영업자는 위생관리등급의 표지를 영업소의 명칭과 함께 영업소의 출입구에 부착 가능

❹ 위생 감시(시 · 도지사, 시장 · 군수 · 구청장)
- 시 · 도지사 또는 시장 · 군수 · 구청장은 위생서비스의 평가결과에 따른 위생관리등급별로 영업소에 대한 위생 감시를 실시
- 영업소에 대한 출입검사와 위생감시의 실시주기 및 횟수 등 위생관리등급별 위생 감시 기준은 보건복지부령으로 정함

위생교육

❶ 영업자 위생교육
- 영업자는 매년 3시간 필수 교육
- 새로 영업신고 하려면 위생교육 사전 이수 필수

☑ 더 알아보기

영업 개시 후 6개월 내 교육이 인정되는 경우
- 천재지변, 본인의 질병 · 사고, 업무상 국외 출장 등의 사유로 교육을 받을 수 없는 경우
- 교육을 실시하는 단체의 사정 등으로 미리 교육을 받기 불가능한 경우

- ● 교육 내용
  - 공중위생관리법 및 관련법규
  - 소양교육(친절 및 청결에 관한 사항 포함)
  - 기술교육
  - 그 밖의 공중위생에 관하여 필요한 내용
- ● 교육 대체 사유와 면제 사유

교육 대체 사유	위생교육 대상자 중 도서 벽지 지역에서 영업을 하고 있거나 하려는 자에 대하여는 교육교재를 배부하여 이를 익히고 활용함으로써 교육에 갈음
교육 면제 사유	위생교육을 받은 날로부터 2년 이내에 위생교육을 받은 업종과 같은 업종의 영업을 하려는 경우에는 해당 영업에 대한 위생교육을 받은 것으로 갈음

❷ 위생교육기관
- ● 위생교육기관 자격: 보건복지부 장관이 허가한 단체 또는 공중위생업자 단체
- ● 위생교육기관의 의무
  - 위생교육 실시 단체의 장은 수료증을 교부
  - 교육 후 1개월 이내 시장·군수·구청장에게 통보
  - 수료증, 교부대장 등 교육에 관한 기록은 2년 이상 보관·관리
  - 교육교재를 편찬하여 교육 대상자에게 제공

벌칙과 과태료

❶ 위반자에 대한 벌칙(징역 또는 벌금)과 과징금

1년 이하의 징역 또는 1천만 원 이하의 벌금	• 공중위생영업의 신고를 하지 아니하고 영업한 자 • 영업소 폐쇄 명령을 받고도 계속해서 영업한 자 • 영업정지, 일부 시설의 사용 중지 명령을 받고도 그 기간 중 영업하거나 그 시설을 사용한 자
6개월 이하의 징역 또는 500만 원 이하의 벌금	• 공중위생영업의 변경 신고를 하지 않은 자 • 공중위생영업의 지위를 승계한 자로서 신고(1월 이내)를 아니한 자 • 건전한 영업 질서를 위하여 준수해야 할 사항을 준수하지 아니한 자
300만 원 이하의 벌금	• 이용사 면허를 빌려주거나 빌린 사람 • 면허의 취소 또는 정지 중 미용업을 한 사람 • 면허를 받지 아니하고 미용업을 개설하거나 그 업무에 종사한 사람
과징금 처분	• 영업정지 처분에 갈음하여 1억 원 이하의 과징금을 부과 • 통지받은 날로부터 20일 이내에 과징금을 납부 • 과징금 부과 권한은 시장·군수·구청장에게 있음 • 과징금 징수 절차는 보건복지부령으로 정함

❷ 과태료 규정 및 처분

과태료 부과	보건복지부장관 또는 시장, 군수, 구청장이 부과·징수
300만 원 이하의 과태료	• 관계 공무원의 출입·검사 그 밖의 조치를 거부·방해 또는 기피한 경우 • 미용 시설 및 설비 개선 명령을 위반한 경우
200만 원 이하의 과태료	• 미용업소의 위생관리의무를 지키지 않은 경우 • 영업소 이외의 장소에서 미용 업무를 행한 경우 • 위생교육을 받지 않은 경우

❸ 양벌규정

법인의 대표자, 법인 또는 개인의 대리인, 사용인, 그 밖의 종업원이 위반행위를 하면 행위자를 벌하는 외에 그 법인 또는 개인에게도 해당 조문의 벌금형 부과

행정처분

위반행위	행정처분기준			
	1차 위반	2차 위반	3차 위반	4차 이상 위반
가. 법 제3조 제1항 전단에 따른 영업신고를 하지 않거나 시설과 설비기준을 위반한 경우				
1) 영업신고를 하지 않은 경우	영업장 폐쇄명령			
2) 시설 및 설비기준을 위반한 경우	개선명령	영업정지 15일	영업정지 1월	영업장 폐쇄명령
나. 법 제3조 제1항 후단에 따른 변경신고를 하지 않은 경우				
1) 신고를 하지 않고 영업소의 명칭 및 상호 또는 영업장 면적의 3분의 1 이상을 변경한 경우	경고 또는 개선명령	영업정지 15일	영업정지 1월	영업장 폐쇄명령
2) 신고를 하지 않고 영업소의 소재지를 변경한 경우	영업정지 1월	영업정지 2월	영업장 폐쇄명령	
다. 법 제3조의2 제4항에 따른 지위승계신고를 하지 않은 경우	경고	영업정지 10일	영업정지 1월	영업장 폐쇄명령
라. 법 제4조에 따른 공중위생영업자의 준수사항을 지키지 않은 경우				
1) 소독을 한 기구와 소독을 하지 않은 기구를 각각 다른 용기에 넣어 보관하지 아니하거나 1회용 면도날을 2인 이상의 손님에게 사용한 경우	경고	영업정지 5일	영업정지 10일	영업장 폐쇄명령
2) 이·미용업 신고증 및 면허증 원본을 게시하지 않거나 업소 내 조명도를 준수하지 않은 경우	경고 또는 개선명령	영업정지 5일	영업정지 10일	영업장 폐쇄명령

위반행위	1차 위반	2차 위반	3차 위반	4차 위반
3) 별표4 제4호 자목 전단을 위반하여 개별 이용 서비스의 최종 지급가격 및 전체 이용서비스의 총액에 관한 내역서를 이용자에게 미리 제공하지 않은 경우	경고	영업정지 5일	영업정지 10일	영업정지 1월
마. 법 제5조를 위반하여 카메라나 기계장치를 설치한 경우	영업정지 1월	영업정지 2월	영업장 폐쇄명령	
바. 법 제7조 제1항 각 호의 어느 하나에 해당하는 면허 정지 및 면허 취소 사유에 해당하는 경우				
1) 법 제6조 제2항 제1호부터 제4호까지에 해당하게 된 경우	면허취소			
2) 면허증을 다른 사람에게 대여한 경우	면허정지 3월	면허정지 6월	면허취소	
3) 「국가기술자격법」에 따라 자격이 취소된 경우	면허취소			
4) 「국가기술자격법」에 따라 자격정지처분을 받은 경우(「국가기술자격법」에 따른 자격정지처분 기간에 한정한다)	면허정지			
5) 이중으로 면허를 취득한 경우(나중에 발급받은 면허를 말한다)	면허취소			
6) 면허정지처분을 받고도 그 정지 기간 중 업무를 한 경우	면허취소			
사. 법 제8조 제2항을 위반하여 영업소 외의 장소에서 이·미용 업무를 한 경우	영업정지 1월	영업정지 2월	영업장 폐쇄명령	
아. 법 제9조에 따른 보고를 하지 않거나 거짓으로 보고한 경우 또는 관계 공무원의 출입, 검사 또는 공중위생영업 장부 또는 서류의 열람을 거부·방해하거나 기피한 경우	영업정지 10일	영업정지 20일	영업정지 1월	영업장 폐쇄명령
자. 법 제10조에 따른 개선명령을 이행하지 않은 경우	경고	영업정지 10일	영업정지 1월	영업장 폐쇄명령
차. 「성매매알선 등 행위의 처벌에 관한 법률」, 「풍속영업의 규제에 관한 법률」, 「청소년 보호법」, 「아동·청소년의 성보호에 관한 법률」 또는 「의료법」을 위반하여 관계 행정기관의 장으로부터 그 사실을 통보받은 경우				
1) 손님에게 성매매알선 등 행위 또는 음란행위를 하게 하거나 이를 알선 또는 제공한 경우				
가) 영업소	영업정지 3월	영업장 폐쇄명령		

위반행위	1차위반	2차위반	3차위반	4차위반
나) 이·미용사	면허정지 3월	면허취소		
2) 손님에게 도박 그 밖에 사행행위를 하게 한 경우	영업정지 1월	영업정지 2월	영업장 폐쇄명령	
3) 음란한 물건을 관람·열람하게 하거나 진열 또는 보관한 경우	경고	영업정지 15일	영업정지 1월	영업장 폐쇄명령
4) 무자격안마사로 하여금 안마사의 업무에 관한 행위를 하게 한 경우	영업정지 1월	영업정지 2월	영업장 폐쇄명령	
카. 영업정지처분을 받고도 그 영업정지 기간에 영업을 한 경우	영업장 폐쇄명령			
타. 공중위생영업자가 정당한 사유 없이 6개월 이상 계속 휴업하는 경우	영업장 폐쇄명령			
파. 공중위생영업자가 「부가가치세법」 제8조에 따라 관할 세무서장에게 폐업신고를 하거나 관할 세무서장이 사업자 등록을 말소한 경우	영업장 폐쇄명령			
하. 공중위생영업자가 영업을 하지 않기 위하여 영업시설의 전부를 철거한 경우	영업장 폐쇄명령			

02

8개년
CBT 기출복원문제
(2018년~2025년)

Chapter 01

제1회 CBT 기출복원문제

★★★ 01

메이크업의 정의와 가장 거리가 먼 것은?

① 신체의 아름다운 부분을 돋보이게 한다.
② 신체의 결점을 수정하고 보완한다.
③ 의학적인 치료를 목적으로 한다.
④ 외부 환경으로부터 피부를 보호한다.

> 메이크업은 미적 추구와 심리적 만족, 피부 보호를 목적으로 하며 의학적 치료 목적은 아니다.

★★ 02

우리나라 화장 역사 중 제조 기술이 발달하여 둥근 란과 같은 분 형태가 만들어진 시기는?

① 고구려
② 백제
③ 신라
④ 고려

> 고려 시대에는 화장 기술이 발달하여 기름에 갠 분이나 둥근 란 형태의 분이 사용되었다.

★★★ 03

조선 시대의 화장 문화에 대한 설명으로 옳은 것은?

① 분대화장이라 하여 짙은 화장을 즐겼다.
② 내면의 미보다 외형적인 화려함을 중시했다.
③ 유교 사상의 영향으로 청결하고 깨끗한 담장을 선호했다.
④ 화장품을 제조하고 판매하는 매분이 처음 등장했다.

> 조선 시대는 유교 사상의 영향으로 내면의 기품을 중시하여 옅고 깨끗한 화장인 담장을 즐겼다.

★ 04

서양 메이크업 역사 중 르네상스 시대의 특징으로 옳은 것은?

① 창백한 피부와 넓은 이마를 미의 기준으로 삼았다.
② 눈을 강조하는 콜 메이크업이 유행했다.
③ 인공 속눈썹과 애교점 패치가 유행했다.
④ 펑크 스타일과 같은 파격적인 메이크업이 등장했다.

> 르네상스 시대에는 넓은 이마와 창백한 피부를 미인으로 여겨 이마의 털을 뽑기도 했다.

05

공중위생관리법상 이·미용업 영업자의 위생교육에 대한 설명으로 틀린 것은?

① 위생교육은 매년 3시간 받아야 한다.
② 천재지변 등 부득이한 사유가 있는 경우 교육을 유예할 수 있다.
③ 영업 신고증을 교부받은 날로부터 6개월 이내에 위생교육을 받아야 한다.
④ 위생교육을 받지 않은 경우 과태료 처분을 받는다.

> 부득이한 사유로 미리 교육을 받을 수 없는 경우 영업 신고증을 교부받은 날로부터 6개월 이내에 받을 수 있다. 원칙적으로는 미리 받아야 한다.

다음 중 소독과 멸균에 대한 정의가 올바르게 짝지어진 것은?

① 소독 - 모든 미생물을 완전히 사멸시키는 것
② 멸균 - 병원성 미생물의 생활력을 파괴하여 감염력을 없애는 것
③ 방부 - 미생물의 증식을 억제하거나 부패를 방지하는 것
④ 살균 - 유해한 미생물의 발육을 정지시키는 것

> 소독은 병원균을 죽이거나 약화시키는 것이고, 멸균은 아포를 포함한 모든 균을 죽이는 것이다. 방부는 미생물의 증식을 억제한다.

피부의 구조 중 표피의 가장 바깥층에 위치하며 각질 세포로 구성된 층은?

① 기저층
② 유극층
③ 과립층
④ 각질층

> 표피의 최외각층은 각질층이다.

피지선에 대한 설명으로 틀린 것은?

① 손바닥과 발바닥에 가장 많이 분포한다.
② 모낭과 연결되어 피지를 분비한다.
③ 피부 표면에 피지막을 형성하여 수분 증발을 막는다.
④ 남성 호르몬인 안드로겐의 영향을 받는다.

> 피지선은 손바닥과 발바닥에는 없다.

색의 3속성에 해당하지 않는 것은?

① 색상
② 명도
③ 채도
④ 보색

> 색의 3속성은 색상, 명도, 채도이다.

★★★ 10

먼셀의 색상환에서 서로 마주 보고 있는 색끼리의 배색으로, 강렬하고 화려한 느낌을 주는 배색은?

① 유사 색상 배색
② 동일 색상 배색
③ 보색 배색
④ 톤온톤 배색

서로 반대되는 색을 배색하는 것을 보색 배색이라 하며 강렬한 느낌을 준다.

★★★ 11

계절별 퍼스널 컬러 중 봄 타입의 특징으로 가장 적절한 것은?

① 차갑고 도시적인 이미지
② 노란기가 도는 따뜻하고 화사한 이미지
③ 회색기가 섞인 부드럽고 차분한 이미지
④ 선명하고 강렬하며 카리스마 있는 이미지

봄 타입은 옐로우 베이스의 따뜻하고 명도와 채도가 높은 화사한 이미지이다.

★★★ 12

얼굴형에 따른 눈썹 수정 방법으로 옳은 것은?

① 둥근 얼굴 - 둥근 아치형 눈썹
② 긴 얼굴 - 각진 눈썹
③ 각진 얼굴 - 부드러운 곡선의 아치형 눈썹
④ 역삼각형 얼굴 - 눈썹 산을 높게 강조한 눈썹

각진 얼굴은 부드러운 곡선형 눈썹으로 인상을 완화시킨다.

★★★ 13

콧등이 길어 보이는 경우의 수정 메이크업 방법으로 옳은 것은?

① 미간 사이를 좁게 표현한다.
② 코벽에 길게 쉐이딩을 넣는다.
③ 콧망울 부분과 코의 끝부분에 음영을 준다.
④ T존 부위를 전체적으로 밝게 하이라이트 한다.

긴 코는 코끝과 콧망울에 음영을 주어 시선을 차단해 길이를 짧아 보이게 한다.

★★ 14

파운데이션의 제형 중 커버력이 가장 우수하며, 신부 화장이나 사진 촬영용 메이크업에 주로 사용되는 것은?

① 리퀴드 파운데이션
② 크림 파운데이션
③ 스틱 파운데이션
④ 파우더 파운데이션

스틱 파운데이션은 커버력이 가장 뛰어나 방송이나 분장, 신부 화장에 적합하다.

★★★ 15

눈이 돌출된 형의 아이섀도 테크닉으로 가장 적합한 것은?

① 눈두덩 전체에 펄이 강한 밝은 색을 바른다.
② 팽창되어 보이는 난색 계열을 사용한다.
③ 차분하고 어두운 색상으로 음영을 주어 가라앉아 보이게 한다.
④ 아이라인을 얇고 흐리게 그린다.

돌출 눈은 어두운색 섀도로 음영을 주어 들어가 보이게 한다.

★★★
16

입술 화장 시 입술이 얇은 경우의 수정 방법으로 옳은 것은?

① 본래 입술 선보다 안쪽으로 그린다.
② 짙고 어두운 색상의 립스틱을 사용한다.
③ **입술 중앙에 펄감이 있는 립글로스를 덧발라 볼륨감을 준다.**
④ 매트한 질감의 립스틱으로 마무리한다.

> 얇은 입술은 본래 라인보다 약간 밖으로 그리고, 펄감 있는 제품으로 볼륨을 준다.

★★★
17

화장품의 4대 요건에 해당하지 않는 것은?

① 안전성
② 안정성
③ 사용성
④ **치료성**

> 화장품은 치료를 목적으로 하지 않으므로 치료성은 해당하지 않는다.

★★★
18

다음 중 자외선 차단제에 표기되는 PA 지수가 차단하는 자외선은?

① **자외선 A**
② 자외선 B
③ 자외선 C
④ 적외선

> PA는 자외선 A 차단 지수이다.

★★★
19

메이크업 도구의 관리 방법으로 틀린 것은?

① 라텍스 스펀지는 사용 후 매번 세척하거나 오염된 부분을 잘라내고 쓴다.
② **브러시는 세척 후 직사광선에서 빠르게 건조한다.**
③ 립 브러시는 사용 후 티슈로 잔여물을 닦아내고 전용 클렌저로 세척한다.
④ 퍼프는 중성세제를 이용하여 미지근한 물에 세탁한다.

> 브러시는 그늘에서 말려야 하며 직사광선은 피한다.

★★★
20

피부 면역에 관여하는 세포로, 표피의 유극층에 주로 존재하는 세포는?

① 멜라닌 세포
② **랑게르한스 세포**
③ 머켈 세포
④ 각질 형성 세포

> 랑게르한스 세포는 면역 기능을 담당한다.

★★
21

건성 피부의 특징으로 가장 적절한 것은?

① 모공이 크고 피지 분비가 왕성하다.
② **세안 후 피부 당김이 심하고 잔주름이 생기기 쉽다.**
③ 피부가 두껍고 거친 느낌을 준다.
④ 여드름이나 뾰루지가 잘 생긴다.

> 건성 피부는 유수분이 부족하여 당김이 심하고 잔주름이 잘 생긴다.

★★★
22

지성 피부의 관리 방법으로 옳은 것은?

① 유분이 많은 영양 크림을 듬뿍 바른다.
② 알코올 함량이 높은 아스트린젠트를 사용한다.
③ 세안 횟수를 줄여 피지막을 보호한다.
④ 유분기가 많은 마사지 크림으로 자주 마사지한다.

> 지성 피부는 수렴 작용을 위해 알코올 함유 화장수를 사용한다.

★
23

피부의 pH 밸런스를 맞춰주며 세안 후 남아있는 잔여물을 제거하고 피부결을 정돈하는 화장품은?

① 클렌징 크림
② 마사지 크림
③ 화장수
④ 에센스

> 화장수, 즉 스킨이나 토너는 피부 정돈과 pH 밸런스 조절을 한다.

★
24

딥 클렌징의 효과와 거리가 먼 것은?

① 오래된 각질 제거
② 모공 속 노폐물 제거
③ 영양 물질의 흡수 촉진
④ 피부 보호막 형성 및 보습 강화

> 딥 클렌징은 각질 제거와 세정이 주 목적이며 보습 강화와는 거리가 멀다.

★
25

일산화탄소의 환경기준은 8시간 기준으로 옳은 것은?

① 1ppm
② 0.03ppm
③ 9ppm
④ 25ppm

> 8시간 기준 9ppm

★★★
26

얼굴의 형태 중 가장 이상적인 달걀형 얼굴의 특징은?

① 가로와 세로의 비율이 1 : 1이다.
② 이마, 코, 턱의 비율이 1 : 1 : 1로 균형을 이룬다.
③ 광대뼈가 넓고 턱이 뾰족하다.
④ 턱이 각지고 이마가 좁다.

> 이상적인 얼굴형은 상안, 중안, 하안의 비율이 1 : 1 : 10다.

★★★
27

메이크업 베이스 중 붉은 얼굴을 보정하기 위해 사용하는 색상은?

① 핑크색
② 보라색
③ 초록색
④ 주황색

> 붉은색의 보색인 초록색 베이스를 사용한다.

28

노란 기가 돌고 칙칙한 피부를 화사하게 표현하고 싶을 때 적합한 메이크업 베이스 색상은?

① 초록색
② **보라색**
③ 갈색
④ 베이지색

노란 피부는 보색인 보라색 베이스로 보정한다.

29

컨실러 사용법에 대한 설명으로 틀린 것은?

① 파운데이션 사용 전이나 후에 사용한다.
② 피부톤보다 한 톤 밝거나 어두운 색을 선택하여 결점을 커버한다.
③ **얼굴 전체에 두껍게 펴 바른다.**
④ 기미, 주근깨, 다크서클 등 국소 부위를 커버할 때 사용한다.

컨실러는 국소 부위에만 소량 사용해야 한다.

30

파우더의 주된 기능이 아닌 것은?

① 파운데이션의 고정력을 높인다.
② 외부의 먼지로부터 피부를 보호한다.
③ 유분기를 잡아주어 번들거림을 방지한다.
④ **피부에 윤기를 주고 잡티를 완벽하게 커버한다.**

파우더는 윤기보다는 매트한 표현과 지속력, 유분 제거에 주된 기능이 있다.

31

눈썹의 형태 중 여성스럽고 우아한 느낌을 주며 한복에 가장 잘 어울리는 눈썹은?

① 일자형 눈썹
② 각진 눈썹
③ **아치형 눈썹**
④ 상승형 눈썹

아치형 눈썹은 곡선미가 있어 우아하고 한국적인 미와 잘 어울린다.

32

아이섀도 컬러 선택 시 고려해야 할 사항과 거리가 먼 것은?

① 의상의 색상과 스타일
② 계절과 장소
③ 피부톤과 눈동자 색
④ **유행하는 머리 길이**

머리 길이는 아이섀도 컬러 선정의 직접적인 기준이 아니다.

33

속눈썹을 컬링하여 눈매를 시원하고 또렷하게 만들어주는 도구는?

① 아이브로우 펜슬
② **아이라시 뷰러**
③ 마스카라
④ 아이라이너

아이라시 뷰러는 속눈썹을 집어 올려주는 도구이다.

★★ 34

입술 화장 시 주의사항으로 틀린 것은?

① 입술의 건조함을 막기 위해 립밤을 바른다.
② 윗입술과 아랫입술의 비율을 고려하여 그린다.
③ 립 라이너로 입술 윤곽을 먼저 잡으면 깔끔하게 그릴 수 있다.
④ 치아에 립스틱이 묻지 않도록 입술 안쪽까지 꽉 채워 바른다.

> 입술 안쪽 깊이 바르면 치아에 묻을 수 있다.

★★★ 35

블러셔를 하는 위치와 효과에 대한 설명으로 옳은 것은?

① 얼굴 외곽에 어두운 색을 발라 얼굴을 작아 보이게 하는 것은 하이라이트다.
② 광대뼈를 감싸듯 사선으로 바르면 성숙하고 세련된 느낌을 준다.
③ 눈 밑 바로 아래에 둥글게 바르면 나이 들어 보인다.
④ 콧등에 바르면 코가 높아 보인다.

> 사선 방향의 블러셔는 세련되고 성숙한 이미지를 준다. 얼굴 외곽 어두운 색은 쉐이딩이다.

★★★ 36

다음 중 웜톤 피부에 가장 잘 어울리는 립스틱 색상은?

① 핫핑크
② 오렌지
③ 푸시아
④ 라벤더

> 웜톤은 오렌지, 코랄 계열이 어울리며 나머지는 쿨톤 색상이다.

★★ 37

웨딩 메이크업의 특징으로 가장 적절한 것은?

① 조명을 고려하여 입체감을 살리고 화사하게 표현한다.
② 유행하는 짙은 스모키 메이크업을 주로 한다.
③ 본래 피부보다 어둡게 표현하여 건강미를 강조한다.
④ 사진 촬영보다는 실제 육안으로 보기에만 좋게 한다.

> 웨딩 메이크업은 조명과 사진을 고려해 화사하고 입체적으로 표현한다.

★★ 38

흑백 사진 메이크업 시 색상 선택의 기준이 되는 것은?

① 색상
② 채도
③ 명도
④ 보색

> 흑백 사진은 명도 차이로만 표현된다.

★★ 39

전염병 발생의 3대 요인이 아닌 것은?

① 전염원
② 전염 경로
③ 감수성 있는 숙주
④ 기후와 환경

> 전염병 발생의 3대 요인은 전염원, 전염 경로, 감수성 있는 숙주이다.

★★ 40

제1급 감염병에 해당하며 생물테러 감염병으로 분류되는 것은?

① 결핵
② 홍역
③ **두창**
④ 수두

두창은 제1급 감염병에 해당하며 생물테러 감염병으로 분류된다.

★★ 41

병원체가 바이러스인 질병은?

① 장티푸스
② 결핵
③ 콜레라
④ **폴리오**

폴리오는 소아마비로 바이러스성 질환이다. 나머지는 세균성이다.

★ 42

미용업소 내의 쾌적한 실내 환경을 위한 조건으로 적절한 것은?

① 실내 온도는 10도 이하로 유지한다.
② **실내 습도는 40~70% 정도가 적당하다.**
③ 환기는 하루에 한 번만 한다.
④ 조명은 눈부심이 강한 직접 조명을 사용한다.

쾌적 습도는 40~70%이다.

★★ 43

이/미용업소에서 사용하는 타월 소독법으로 가장 적합한 것은?

① **자비 소독**
② 알코올 소독
③ 승홍수 소독
④ 역성비누 소독

면 타월은 끓는 물에 삶는 자비 소독이 가장 좋다.

★★★ 44

금속성 미용 기구 소독에 가장 적합하지 않은 것은?

① 승홍수
② 크레졸수
③ 에탄올
④ **차아염소산나트륨**

차아염소산나트륨은 금속을 부식시킨다.

★★ 45

알코올 소독 시 살균력이 가장 강한 농도는?

① 30%
② 50%
③ **70%**
④ 100%

알코올은 70% 농도에서 살균력이 최대이다.

★★★
46

공중위생관리법상 미용업의 정의로 옳은 것은?

① 손님의 얼굴, 머리, 피부 등을 손질하여 손님의 외모를 아름답게 꾸미는 영업
② 손님의 머리카락을 자르거나 다듬는 영업
③ 화장품을 판매하고 화장법을 알려주는 영업
④ 의료 기기를 사용하여 피부를 치료하는 영업

미용업은 얼굴, 머리, 피부 등을 손질하여 외모를 아름답게 꾸미는 영업을 말한다.

★★
47

화장품 성분 중 수분 증발을 억제하고 피부를 유연하게 하는 원료는?

① 계면활성제
② 방부제
③ 오일
④ 안료

오일은 피부에 막을 형성하여 수분 증발을 막고 피부를 부드럽게 한다.

★★★
48

계면활성제의 분자 구조 특징으로 옳은 것은?

① 친유성기만 가지고 있다.
② 친수성기만 가지고 있다.
③ 친유성기와 친수성기를 동시에 가지고 있다.
④ 물과 기름을 분리시키는 성질이 있다.

계면활성제는 물과 친한 친수성기와 기름과 친한 친유성기를 모두 가지고 있어 유화 작용을 한다.

★★
49

가시광선 중 파장이 가장 긴 색은?

① 보라색
② 파란색
③ 초록색
④ 빨간색

가시광선 중 빨간색의 파장이 가장 길고 보라색이 가장 짧다.

★★★
50

빛의 3원색을 모두 혼합했을 때 나타나는 색은?

① 검정
② 흰색
③ 회색
④ 갈색

빛의 3원색을 혼합하면 가산 혼합에 의해 흰색이 된다.

★★★
51

다음 중 1차색에 해당하지 않는 것은?

① 빨강
② 노랑
③ 파랑
④ 초록

색료의 3원색인 1차색은 빨강, 노랑, 파랑이다. 초록은 2차색이다.

★★
52

우리나라 미용사 자격 제도가 처음 시행된 시기는?

① 1930년대
② **1940년대**
③ 1960년대
④ 1980년대

미용사 자격 제도는 1948년 공중위생법 제정과 함께 도입되었다.

★★★
53

다음 중 미용업 영업 신고를 해야 하는 관청은?

① 보건복지부 장관
② 시/도지사
③ **시장/군수/구청장**
④ 관할 경찰서장

미용업 영업 신고는 시장, 군수, 구청장에게 한다.

★★★
54

영업소 폐업 신고는 폐업한 날로부터 며칠 이내에 해야 하는가?

① 7일
② 15일
③ **20일**
④ 30일

폐업 신고는 폐업 후 20일 이내에 해야 한다.

★★★
55

이/미용업소의 조명 기준으로 옳은 것은?

① **작업면 조도는 75룩스 이상이어야 한다.**
② 작업면 조도는 50룩스 이하여야 한다.
③ 실내 전체가 어두워야 한다.
④ 붉은색 조명을 사용해야 한다.

공중위생관리법상 작업면 조도는 75룩스 이상이어야 한다.

★
56

손님에게 제공하는 음용수의 기준으로 적합하지 않은 것은?

① 색과 냄새가 없어야 한다.
② 대장균이 검출되지 않아야 한다.
③ 컵은 일회용 컵을 사용하거나 소독하여 제공해야 한다.
④ **수돗물은 끓이지 않고 그대로 제공해도 된다.**

끓이지 않은 수돗물은 제공할 수 없으며 정수기 물이나 끓인 물 등을 제공해야 한다.

★★★
57

다음 중 미용사의 업무 범위에 해당하지 않는 것은?

① 머리카락 자르기
② 파마
③ **점 빼기**
④ 메이크업

의료 기기를 이용한 시술이나 점 빼기 등은 의료 행위이므로 미용사의 업무가 아니다.

면허증을 대여한 때의 1차 행정처분 기준은?

① 경고
② **면허 정지 3개월**
③ 면허 정지 6개월
④ 면허 취소

> 면허증 대여 시 1차 행정처분 기준은 면허 정지 3개월이다.

고객 서비스의 기본 자세로 바람직하지 않은 것은?

① 고객의 말을 경청한다.
② 단정한 복장과 용모를 갖춘다.
③ **고객의 비밀을 다른 사람에게 이야기한다.**
④ 밝은 미소로 응대한다.

> 고객의 사생활과 비밀은 철저히 보호해야 한다.

메이크업 마무리 단계에서 고정력을 높이기 위해 사용하는 제품은?

① 프라이머
② **픽서**
③ 리무버
④ 토너

> 픽서는 메이크업이 지워지거나 번지지 않도록 고정해 주는 역할을 한다.

Chapter 02

제2회 CBT 기출복원문제

★★ 01

메이크업의 기원설 중 신체를 보호하기 위해 위장하거나 곤충으로부터 피부를 보호하는 것에서 유래했다는 설은?

① 장식설
② **보호설**
③ 신분표시설
④ 주술설

> 보호설은 춥거나 더운 날씨, 해충, 외부의 적으로부터 자신을 보호하기 위해 위장한 것에서 유래했다는 학설이다.

★★★ 02

우리나라 화장 역사 중 화랑도들이 영육일치 사상을 바탕으로 화장을 하고 장신구를 착용했던 시기는?

① 고구려
② 백제
③ **신라**
④ 고려

> 신라 시대의 화랑들은 영혼과 육체는 하나라는 사상을 바탕으로 아름다운 육체에 건전한 정신이 깃든다고 믿어 화장을 했다.

★★ 03

조선 시대 여인들이 입술과 뺨에 붉은색을 칠하기 위해 사용했던 재료는?

① **연지**
② 백분
③ 미묵
④ 비누

> 연지는 홍화 꽃에서 추출한 붉은 색소로, 볼과 입술 화장에 사용되었다.

★★ 04

서양 메이크업 역사 중 이집트 시대의 특징으로 옳은 것은?

① 자연스러운 피부 표현을 선호했다.
② **눈을 보호하고 강조하기 위해 검은색 코올을 사용했다.**
③ 입술을 아주 얇게 그리는 것이 유행했다.
④ 가발 사용을 금지했다.

> 이집트인들은 강한 태양 빛과 곤충으로부터 눈을 보호하고 주술적인 의미로 눈 주위에 검은색 안료인 코올을 칠했다.

★★★
05

1920년대 메이크업 특징으로, 가늘게 처진 눈썹과 검붉은 입술 등 퇴폐적이고 반항적인 이미지를 추구했던 스타일은?

① 펑크 스타일
② 히피 스타일
③ 플래퍼 스타일
④ 모던 스타일

> 1920년대에는 제1차 세계대전 이후 여성들의 사회 진출과 함께 단발머리와 가늘고 처진 눈썹, 짙은 입술의 플래퍼 룩이 유행했다.

★★★
06

피부의 기능 중 체온 조절 기능에 대한 설명으로 옳은 것은?

① 땀 분비를 통해 체열을 발산한다.
② 피지 분비를 통해 체온을 높인다.
③ 멜라닌 색소가 체온을 조절한다.
④ 각질층이 두꺼워지면 체온이 내려간다.

> 피부는 더울 때 땀샘에서 땀을 분비하여 기화열로 체온을 낮추고, 추울 때는 입모근을 수축시켜 체온 손실을 막는다.

★★★
07

자외선 차단지수인 SPF 1은 약 몇 분 정도의 자외선 차단 지속 시간을 의미하는가?

① 5분
② 10분
③ 15분
④ 20분

> SPF 1은 약 15분에서 20분 정도 자외선 B를 차단하는 효과가 있다.

★★
08

여드름 발생의 주요 원인이 아닌 것은?

① 남성 호르몬의 과다 분비
② 피지선의 비대와 피지 과다
③ 모낭 내 세균 증식
④ 비타민 C의 과다 섭취

> 여드름은 안드로겐 호르몬, 피지 과다, 모공 폐쇄, 여드름 균 등이 원인이며 비타민 섭취와는 직접적인 관련이 적다.

★★★
09

피부 노화의 외적 요인 중 가장 큰 영향을 미치는 것은?

① 스트레스
② 수면 부족
③ 흡연
④ 자외선

> 광노화라 불리는 자외선에 의한 노화는 피부 노화의 주된 외적 요인이다.

★
10

봄 메이크업 컬러 조합으로 가장 적합한 것은?

① 겨자색, 벽돌색, 갈색 계열
② 흰색, 파랑, 핑크 계열
③ 자주색, 분홍, 보라 계열
④ 옐로, 오렌지, 그린 계열

> 봄 메이크업으로는 옐로, 오렌지, 그린 계열의 컬러가 가장 적합하다.

11

모발에 잘 흡착되어 모발을 부드럽게 만들고 정전기를 방지하는 작용을 하며 린스의 기본 기능을 나타내는데 중요한 역할을 하는 성분은?

① 실리콘
② 알카놀 아미드
③ 글리세린
④ **양이온 계면활성제**

> 린스의 기본기능을 나타내는데 중요한 역할을 하는 것은 양이온 계면활성제이다.

★★★
12

먼셀의 색채 조화론에 대한 설명으로 틀린 것은?

① 무채색끼리의 배색은 조화롭다.
② 채도가 높은 색끼리의 배색은 조화롭지 않다.
③ 보색끼리의 배색은 조화롭다.
④ **명도 차이가 큰 색끼리는 조화롭지 않다.**

> 먼셀은 균형 있는 배색을 조화롭다고 보았으나, 명도 차이가 큰 배색도 명쾌한 느낌을 주어 조화로울 수 있다. 일반적으로 유사 조화와 대비 조화가 있다.

★★★
13

색의 혼합 중 빛을 혼합할수록 명도가 높아지는 혼합 방식은?

① 감산 혼합
② **가산 혼합**
③ 중간 혼합
④ 병치 혼합

> 빛의 혼합인 가산 혼합은 색을 섞을수록 밝아져 명도가 높아진다.

★★★
14

파운데이션을 바를 때 얼굴과 목의 경계를 자연스럽게 하기 위해 색상을 맞추는 기준 위치는?

① 이마 중앙
② **턱선**
③ 콧등
④ 눈 밑

> 파운데이션 색상을 고를 때는 턱선에 발라 얼굴색과 목색이 자연스럽게 연결되는지 확인한다.

★★★
15

다크서클을 커버하기 위해 가장 효과적인 컨실러 색상은?

① 녹색 계열
② 보라색 계열
③ **핑크 또는 살구색 계열**
④ 흰색 계열

> 푸른빛이 도는 다크서클은 보색 관계에 가까운 살구색이나 피치 톤의 컨실러로 커버한다.

★★★
16

표준형 눈썹의 비율로 가장 적절한 것은?

① 눈썹 머리와 눈썹 꼬리의 위치가 수평이다.
② 눈썹 산은 눈썹 길이의 3분의 1 지점에 위치한다.
③ 눈썹 꼬리가 눈썹 머리보다 아래로 내려간다.
④ **눈썹 산은 눈썹 전체 길이의 3분의 2 지점에 위치한다.**

> 이상적인 표준 눈썹은 눈썹 산이 전체 길이의 3분의 2 지점에 있고, 눈썹 머리와 꼬리가 수평 선상에 있거나 꼬리가 약간 위인 형태다.

★★★ 17

눈꼬리가 처진 눈을 수정하기 위한 아이라인 기법은?

① 눈꼬리 부분을 올려서 그린다.
② 눈꼬리 부분을 내려서 그린다.
③ 눈 앞머리를 강조해서 그린다.
④ 언더라인 전체를 진하게 그린다.

> 처진 눈은 아이라인 꼬리 부분을 살짝 올려 그려서 눈매가 올라가 보이게 보정한다.

★★★ 18

입술이 두꺼운 경우의 수정 메이크업 방법은?

① 본래 입술 선보다 1~2밀리미터 안쪽으로 그린다.
② 펄이 들어간 밝은 색 립스틱을 바른다.
③ 입술 윤곽을 흐리게 그린다.
④ 입술 전체에 립글로스를 덧바른다.

> 두꺼운 입술은 축소되어 보이게 하기 위해 본래 입술 라인보다 안쪽으로 인커브를 그려준다.

★★★ 19

긴 얼굴형에 적합한 블러셔 테크닉은?

① 사선으로 길게 바른다.
② 광대뼈를 중심으로 가로 방향으로 바른다.
③ 눈 밑에 동그랗게 바른다.
④ 턱 끝에 어두운 쉐이딩을 넣지 않는다.

> 긴 얼굴은 가로 방향으로 블러셔를 넣어 시선을 양옆으로 분산시켜 얼굴 길이를 짧아 보이게 한다.

★★ 20

매부리코를 수정하기 위한 하이라이트와 쉐이딩 위치로 옳은 것은?

① 콧등 전체에 하이라이트를 준다.
② 튀어나온 뼈 부분에 쉐이딩을 주고 미간과 코끝에 하이라이트를 준다.
③ 코 벽 전체에 진한 쉐이딩을 준다.
④ 콧방울에 하이라이트를 준다.

> 매부리코는 튀어나온 뼈 부분에 어두운 쉐이딩을 주어 들어가 보이게 하고, 끊어진 느낌을 주기 위해 미간과 코끝에만 하이라이트를 준다.

★★ 21

한복 메이크업 시 고려해야 할 사항으로 틀린 것은?

① 피부 표현은 맑고 깨끗하게 한다.
② 눈썹은 둥근 곡선 형태로 우아하게 표현한다.
③ 입술은 한복 저고리 고름 색상과 조화를 이루도록 한다.
④ 아이섀도는 펄이 강하고 화려한 색상을 주로 사용한다.

> 한복은 선과 색이 고운 의상이므로 메이크업은 은은하고 단아하게 표현하는 것이 좋으며, 펄이 강하거나 너무 튀는 색조는 피한다.

★ 22

TV 흑백 방송 분장 시 붉은색 립스틱은 화면에 어떤 색으로 나타나는가?

① 흰색
② 회색
③ 검은색
④ 투명한 색

> 흑백 화면에서 붉은색은 검게 표현된다.

23

화장품법상 화장품의 정의에 포함되지 않는 것은?

① 인체를 청결, 미화하는 물품
② 피부, 모발의 건강을 유지 또는 증진하는 물품
③ 인체에 대한 작용이 경미한 물품
④ **질병의 진단, 치료, 처치에 사용되는 물품**

질병의 진단 및 치료에 사용되는 것은 의약품이다.

계면활성제의 종류 중 세정력이 가장 강하며 샴푸, 비누 등에 주로 사용되는 것은?

① 양이온성 계면활성제
② **음이온성 계면활성제**
③ 비이온성 계면활성제
④ 양쪽성 계면활성제

음이온성 계면활성제는 세정력과 기포 형성력이 우수하여 비누, 샴푸, 클렌징 폼 등에 사용된다.

향수의 부향률이 높은 순서대로 나열된 것은?

① **퍼퓸 - 오 드 퍼퓸 - 오 드 투왈렛 - 오 드 코롱**
② 오 드 코롱 - 오 드 투왈렛 - 오 드 퍼퓸 - 퍼퓸
③ 퍼퓸 - 오 드 투왈렛 - 오 드 퍼퓸 - 오 드 코롱
④ 오 드 퍼퓸 - 퍼퓸 - 오 드 코롱 - 오 드 투왈렛

향료의 농도(부향률)가 높은 순서는 퍼퓸, 오 드 퍼퓸, 오 드 투왈렛, 오 드 코롱 순이다.

손톱의 구조 중 손톱의 성장이 시작되는 곳으로, 손상 시 손톱이 자라지 않거나 기형이 될 수 있는 부위는?

① 조표피
② 조상
③ **조모**
④ 조반월

조모는 손톱을 만들어내는 공장 역할을 하는 곳으로 손상 시 영구적인 손톱 변형이나 성장이 멈출 수 있다.

모발의 성장 주기 중 모발이 탈락하고 새로운 모발이 발생하기 위해 준비하는 시기는?

① 성장기
② 퇴화기
③ **휴지기**
④ 발생기

휴지기는 모유두와 모근이 분리되어 모발이 빠지고 새로운 모발 생성을 준비하는 시기이다.

공중보건학의 목적으로 가장 거리가 먼 것은?

① 질병 예방
② 수명 연장
③ 신체적, 정신적 효율 증진
④ **질병의 치료 기술 개발**

공중보건학은 질병의 예방과 건강 증진을 목적으로 하며, 개별적인 질병 치료 기술 개발은 임상의학의 영역이다.

★★ 29

인공 능동 면역을 형성하는 방법은?

✓① 예방 접종
② 모유 수유
③ 태반을 통한 항체 전달
④ 감마 글로불린 주사

> 백신 등 예방 접종을 통해 항체를 형성하는 것은 인공 능동 면역이다.

★★★ 30

물을 매개로 전파되는 수인성 감염병의 특징이 아닌 것은?

① 환자 발생이 폭발적이다.
② 음수율과 발병률이 비례한다.
✓③ 2차 감염이 빈번하다.
④ 계절과 관계없이 발생할 수 있다.

> 수인성 감염병은 오염된 물을 마신 사람들에게서 동시에 다발적으로 발생하며, 사람 간의 2차 감염은 드문 편이다.

★★★ 31

식중독 중 독소형 식중독에 해당하는 것은?

① 살모넬라 식중독
② 장염 비브리오 식중독
✓③ 포도상구균 식중독
④ 병원성 대장균 식중독

> 포도상구균 식중독과 보툴리누스 식중독은 세균이 생성한 독소를 섭취하여 발생하는 독소형 식중독이다. 나머지는 감염형이다.

★ 32

대기 오염 현상 중 기온 역전 현상이 발생했을 때 나타날 수 있는 결과는?

① 대기 확산이 활발해진다.
✓② 오염 물질이 지표면에 정체되어 스모그가 발생한다.
③ 비가 많이 내려 공기가 깨끗해진다.
④ 바람이 강하게 불어 오염 물질이 사라진다.

> 기온 역전은 상층부 기온이 하층부보다 높아 공기가 순환하지 못하는 현상으로, 오염 물질이 정체되어 스모그를 유발한다.

★★★ 33

석탄산 계수란 무엇을 비교하여 소독약의 살균력을 나타낸 것인가?

① 알코올
✓② 석탄산
③ 과산화수소
④ 요오드

> 석탄산 계수는 소독약의 살균력을 석탄산(페놀)을 기준으로 하여 비교한 수치이다.

★★ 34

고압증기멸균법의 조건으로 가장 적당한 것은?

① 100도에서 30분간
✓② 121도에서 20분간
③ 63도에서 30분간
④ 135도에서 5분간

> 고압증기멸균은 121도, 15파운드 압력에서 20분간 실시하는 것이 표준이다.

이/미용업소에서 소독한 기구를 보관하는 방법으로 가장 올바른 것은?

① 소독하지 않은 기구와 섞어서 보관한다.
❷ 밀폐된 용기에 넣어 자외선 소독기에 보관한다.
③ 오픈된 선반 위에 올려둔다.
④ 사용한 수건으로 덮어둔다.

> 소독된 기구는 오염을 방지하기 위해 밀폐된 소독장이나 자외선 소독기에 보관해야 한다.

미용업소의 시설 기준 중 소독 설비에 대한 내용으로 옳은 것은?

① 자외선 소독기만 갖추면 된다.
❷ 소독기, 자외선 살균기 등 미용 기구를 소독하는 장비를 갖추어야 한다.
③ 별도의 소독실을 반드시 마련해야 한다.
④ 끓는 물 소독 시설은 없어도 된다.

> 미용 기구를 소독할 수 있는 장비(자외선 소독기, 열탕 소독기 등)를 갖추어야 한다.

공중위생관리법의 제정 목적으로 옳은 것은?

① 공중위생영업자의 소득 증대
② 공중위생영업소의 대형화 유도
❸ 위생 수준 향상 및 국민 건강 증진
④ 미용 기술의 세계화

> 공중위생관리법은 공중이 이용하는 영업의 위생 관리를 통해 국민 건강 증진에 기여함을 목적으로 한다.

영업소의 위생 관리 의무자가 지켜야 할 사항으로 틀린 것은?

① 영업소 내부를 항상 청결하게 유지한다.
② 소독한 기구와 소독하지 않은 기구를 분리하여 보관한다.
❸ 일회용 면도날은 소독하여 재사용한다.
④ 손님 1인당 1회용 컵을 제공한다.

> 일회용 면도날은 재사용해서는 안 되며, 1회 사용 후 폐기해야 한다.

다음 중 미용사 면허를 받을 수 없는 결격 사유자는?

① 금치산자
❷ 정신질환자(전문의가 적합하다고 인정한 경우 제외)
③ 파산자
④ 신용불량자

> 정신질환자(예외 있음), 마약 중독자 등은 면허를 받을 수 없다. 파산자는 면허 결격 사유가 아니다.

이/미용업소에 대한 위생 서비스 수준 평가의 주기는?

① 6개월
② 1년
❸ 2년
④ 3년

> 위생 서비스 수준 평가는 2년마다 실시한다.

41

청소년에게 음란한 행위를 알선하거나 제공하여 영업 정지 처분을 받게 되는 경우 1차 행정처분 기준은?

① 경고
② 영업 정지 1월
③ 영업 정지 2월
④ **영업 정지 3월**

청소년에게 음란한 행위를 알선하거나 제공하여 영업 정지 처분을 받게 되는 경우 1차 행정처분 기준은 영업 정지 3월이다.

42

B형 간염의 주된 감염 경로는?

① 호흡기 전파
② **오염된 혈액이나 체액**
③ 오염된 음식물 섭취
④ 모기 등 곤충 교상

B형 간염은 혈액, 정액, 타액 등 체액을 통해 전파된다. 면도기나 주사기 공동 사용 등이 위험하다.

43

후천성 면역 결핍증의 병원체는?

① **HIV**
② HBV
③ HCV
④ HAV

에이즈의 원인 바이러스는 HIV(인체 면역 결핍 바이러스)이다.

44

이/미용사가 손님에게 염색이나 파마를 할 때 마스크를 착용하는 주된 이유는?

① 냄새가 싫어서
② **약품에 의한 호흡기 자극과 감염병 예방**
③ 얼굴을 가리기 위해서
④ 규정상 의무이기 때문에

미용사는 화학 약품의 흡입을 막고, 비말 감염 등을 예방하기 위해 마스크를 착용해야 한다.

45

기생충 감염 중 머릿니의 구제 방법으로 가장 효과적인 것은?

① 머리를 자주 감지 않는다.
② **살충제가 함유된 샴푸나 약제를 사용한다.**
③ 빗을 다른 사람과 함께 사용한다.
④ 뜨거운 물로만 헹군다.

머릿니는 전용 약제나 샴푸를 사용하여 구제하고, 침구류와 빗 등을 소독해야 한다.

46

모기를 매개로 전파되는 감염병은?

① **일본뇌염**
② 장티푸스
③ 콜레라
④ 결핵

일본뇌염, 말라리아, 뎅기열 등은 모기가 매개하는 질병이다.

★★ 47

메이크업 브러시 세척 시 천연모 브러시를 관리하는 방법으로 틀린 것은?

① 중성 세제나 전용 클렌저를 사용한다.
② 털이 꺾이지 않도록 주의한다.
❸ 뜨거운 물에 삶아서 소독한다.
④ 세척 후 물기를 제거하고 그늘에서 말린다.

천연모는 단백질 성분이므로 뜨거운 물에 삶으면 털이 상하고 변형된다.

★★ 48

라텍스 스펀지의 관리법으로 가장 적절한 것은?

❶ 한번 쓰고 버리는 것이 가장 위생적이다.
② 빨아서 영구적으로 사용한다.
③ 알코올에 담가 둔다.
④ 햇볕에 말려 살균한다.

라텍스 스펀지는 세척 시 변형되기 쉽고 세균 번식이 쉬우므로 저렴한 것을 사용하여 자주 교체하거나 일회용으로 쓰는 것이 위생적이다.

★★ 49

빛의 파장에 따른 색 지각에서 단파장에 해당하는 색은?

① 빨강
② 주황
③ 노랑
❹ 파랑

가시광선 중 파장이 짧은 쪽은 보라, 파랑 계열이고 긴 쪽은 빨강 계열이다.

★★ 50

색의 3속성 중 색의 맑고 탁한 정도를 나타내는 것은?

① 색상
② 명도
❸ 채도
④ 색조

채도는 색의 선명도, 즉 맑고 탁한 정도를 의미한다.

★★ 51

따뜻한 느낌을 주는 난색 계열의 색이 아닌 것은?

① 빨강
② 주황
③ 노랑
❹ 파랑

파랑, 청록 등은 차가운 느낌을 주는 한색 계열이다.

★★ 52

다이아몬드형 얼굴을 수정하기 위한 화장법으로 옳은 것은?

❶ 좁은 이마와 턱에 하이라이트를 준다.
② 광대뼈에 밝은 색 하이라이트를 준다.
③ 턱 부분에 어두운 쉐이딩을 준다.
④ 눈썹 산을 높게 그린다.

다이아몬드형은 광대뼈가 넓고 이마와 턱이 좁으므로, 좁은 이마와 턱 끝에 하이라이트를 주어 넓어 보이게 하고 광대뼈는 쉐이딩으로 커버한다.

★★★ 53

눈과 눈 사이가 먼 경우의 아이라인 수정 기법은?

① 눈 앞머리 쪽 아이라인을 강조하여 그린다.
② 눈 꼬리를 길게 뺀다.
③ 눈 꼬리 쪽에 포인트를 준다.
④ 눈 두덩 전체에 밝은 색을 바른다.

> 미간이 넓은 경우 눈 앞머리까지 아이라인을 꼼꼼히 채우거나 앞트임 효과를 주어 시선을 안쪽으로 모은다.

★ 54

볼륨 마스카라와 컬링 마스카라의 차이점은?

① 볼륨은 숱을 많아 보이게 하고, 컬링은 속눈썹을 올려준다.
② 볼륨은 길게 보이게 하고, 컬링은 숱을 많아 보이게 한다.
③ 차이가 없다.
④ 컬링은 방수 기능이 없다.

> 볼륨 마스카라는 속눈썹을 풍성하게, 롱래쉬는 길게, 컬링은 아찔하게 올려주는 기능을 한다.

★★★ 55

메이크업의 순서로 가장 일반적인 것은?

① 파운데이션 - 메이크업 베이스 - 파우더 - 포인트 메이크업
② 메이크업 베이스 - 파운데이션 - 파우더 - 포인트 메이크업
③ 파우더 - 메이크업 베이스 - 파운데이션 - 포인트 메이크업
④ 메이크업 베이스 - 파우더 - 파운데이션 - 포인트 메이크업

> 기초 후 메이크업 베이스로 피부톤 보정, 파운데이션으로 커버, 파우더로 고정 후 눈, 입술 등 포인트 메이크업을 한다.

★★★ 56

화장품 제조 시 산화를 방지하기 위해 첨가하는 물질은?

① 보습제
② 방부제
③ 산화방지제
④ 금속이온봉쇄제

> 오일 성분의 산패를 막기 위해 비타민 E(토코페롤) 등의 산화방지제를 첨가한다.

★ 57

피부 자극을 진정시키고 수분을 공급하기 위한 팩의 재료로 가장 적합한 것은?

① 알로에
② 레몬
③ 계란 흰자
④ 숯

> 알로에는 진정 및 보습 효과가 뛰어나다. 레몬은 미백, 계란 흰자는 피지 제거, 숯은 노폐물 흡착에 좋다.

★★★ 58

다음 중 물리적 소독 방법에 해당하지 않는 것은?

① 자비 소독
② 증기 멸균
③ 자외선 소독
④ 역성비누 소독

> 역성비누는 화학 약품을 이용한 화학적 소독법이다.

59

이/미용업소의 조명 시설 중 작업면의 적정 조도는?

① 50룩스 이상
② 75룩스 이상
③ 100룩스 이상
④ 150룩스 이상

법적 기준은 75룩스 이상이다.

60

클렌징의 마지막 단계에서 화장솜에 묻혀 닦아내거나 두드려 흡수시키는 제품은?

① 클렌징 오일
② 클렌징 폼
③ 토너
④ 아이 리무버

클렌징 후 잔여물을 닦아내고 피부결을 정돈하기 위해 토너(화장수)를 사용한다.

제3회 CBT 기출복원문제

★★★ 01

메이크업의 정의로 가장 거리가 먼 것은?

① 외부의 위험 요소들로부터 신체를 보호하는 행위다.
② 본래의 얼굴에 자신이 갖는 내면과 외적인 부분을 조화롭게 표출시키는 방법이다.
③ 신체의 아름다운 부분은 돋보이게 하고 결점은 수정하는 미적 가치 추구 행위다.
④ 질병을 치료하고 의학적으로 피부 구조를 변경하는 행위다.

> 메이크업은 미적 본능의 표출, 신체 보호, 장식, 결점 보완 등을 목적으로 하며 질병 치료나 의학적 변경은 해당하지 않는다.

★★★ 02

우리나라 화장 용어 중 농장과 비슷하면서 좀 더 또렷하게 표현한 화장으로 혼례 등의 의례에 사용하는 신부 화장을 뜻하는 것은?

① 담장
② 염장
③ 응장
④ 야용

> 응장은 농장과 비슷하면서 좀 더 또렷하게 표현한 화장으로 혼례 시 신부 화장을 의미한다.

★★ 03

메이크업의 기원설 중 인류 최초의 화장 목적으로 가장 지배적이며, 신분이나 계급을 나타내거나 이성을 유혹하기 위해 사용했다는 학설은?

① 미화설
② 보호설
③ 장식설
④ 종교설

> 장식설은 인류 최초의 화장 목적으로 가장 지배적인 학설이다.

★★★ 04

서양 메이크업의 역사 중 남녀 모두가 화장품을 사용했으며, 엘리자베스 1세 때가 포함되는 시기는?

① 이집트
② 르네상스
③ 바로크 시대
④ 1920년대

> 르네상스 시대에는 영국의 엘리자베스 1세의 영향이 컸으며 남녀 모두가 화장품을 사용했다.

한국의 화장 문화 중 기생을 중심으로 한 짙은 화장을 일컫는 용어는?

① 담장
② 비분대화장
③ **분대화장**
④ 성장

> 고려 시대에 기생을 중심으로 한 짙은 화장을 분대화장이라 하였고, 일반 여성들의 엷은 화장을 비분대화장이라 했다.

★
06

베이스 메이크업 제품 중 피부색을 보정하고 파운데이션의 밀착력을 높여주는 것은?

① 스킨 토너
② **메이크업 베이스**
③ 파우더
④ 컨실러

> 메이크업 베이스는 피부색을 보정하고 파운데이션의 밀착력과 지속력을 높여준다.

★★
07

파운데이션의 기본 3컬러 중 베이스 컬러보다 1~2단계 어두운 컬러로 수축, 후퇴되어 보이는 효과를 주는 것은?

① 하이라이트 컬러
② **셰이딩 컬러**
③ 내추럴 컬러
④ 포인트 컬러

> 셰이딩 컬러는 어두운 색을 사용하여 수축, 축소, 후퇴되어 보이는 착시 효과를 준다.

★
08

다음 중 눈썹을 자연스럽게 그리고자 할 때 사용하며, 폭이 좁고 탄력성이 좋은 브러시는?

① 팬 브러시
② 치크 브러시
③ **아이브로 브러시**
④ 립 브러시

> 아이브로 브러시는 눈썹을 그리는 용도로 모의 탄력이 좋고 폭이 좁은 사선 형태가 많다.

★
09

얼굴형에 따른 셰이딩과 하이라이트 방법으로 틀린 것은?

① 둥근 얼굴형 – 양쪽 측면에 셰이딩을 넣는다.
② 긴 얼굴형 – 이마와 턱 끝에 셰이딩을 넣는다.
③ **역삼각 얼굴형 – 양쪽 이마와 턱 끝에 하이라이트를 넣는다.**
④ 다이아몬드형 – 광대뼈와 턱 끝에 셰이딩을 넣는다.

> 역삼각 얼굴형은 넓은 이마와 뾰족한 턱을 커버해야 하므로 양쪽 이마와 턱 끝에 셰이딩을 넣어야 한다.

★★★
10

눈썹의 형태에 따른 이미지 연결이 바르지 않은 것은?

① 각진 눈썹 – 지적이고 세련된 이미지
② 아치형 눈썹 – 여성적이고 우아한 이미지
③ **처진 눈썹 – 날카롭고 섹시한 이미지**
④ 직선형 눈썹 – 남성적이고 활동적인 이미지

> 꼬리가 처진 눈썹은 부드럽고 온화하거나 어리숙해 보여 희극적인 이미지를 준다. 날카롭고 섹시한 이미지는 꼬리가 올라간 눈썹이다.

★★★ 11

다음 중 색의 3속성에 해당하지 않는 것은?

① 색상
② 명도
③ 채도
④ 질감

> 색의 3속성은 색상, 명도, 채도이다.

★★★ 12

저드의 색채 조화론 중 관찰자에게 잘 알려져 있어 친근하게 느끼는 색상의 배색이 조화롭다는 원리는?

① 질서의 원리
② 친밀성의 원리
③ 유사성의 원리
④ 명료성의 원리

> 친밀성의 원리(동류의 원리)는 자연 경관처럼 사람들에게 익숙한 색의 배색이 조화롭다는 이론이다.

★★★ 13

조명의 종류 중 광원의 90~100%를 천장이나 벽에 반사시켜 비추는 방식으로 눈부심이 없고 차분한 분위기를 연출하는 것은?

① 직접 조명
② 반직접 조명
③ 간접 조명
④ 전반 확산 조명

> 간접 조명은 빛을 반사시켜 이용하므로 그림자가 없고 눈부심이 적어 휴식 공간에 적합하다.

★★ 14

T.P.O에 따른 메이크업 중 나이트 메이크업의 특징으로 옳은 것은?

① 자연광 아래서 자연스럽게 표현한다.
② 파스텔 톤으로 은은하게 표현한다.
③ 조명에 의해 색이 다운되어 보일 수 있으므로 펄이나 선을 강조한다.
④ 면을 강조한 그라데이션 위주로 표현한다.

> 나이트 메이크업은 인공조명 아래서 행해지므로 색감이 흐려질 수 있어 펄감이나 윤곽, 선을 강조하여 화려하게 표현한다.

★ 15

웨딩 메이크업 이미지 중 고상함, 품위, 세련됨을 강조하며 보라, 자주색 등을 주로 사용하는 이미지는?

① 로맨틱 이미지
② 엘레강스 이미지
③ 내추럴 이미지
④ 프리티 이미지

> 엘레강스 이미지는 우아하고 기품 있는 분위기로 보라, 자주, 인디언 핑크 등을 사용하여 세련되게 표현한다.

★ 16

한복 메이크업에 대한 설명으로 옳은 것은?

① 입술은 아웃커브로 크고 두껍게 그린다.
② 눈썹은 굵고 진한 일자형으로 그린다.
③ 아이라인은 눈꼬리를 살짝 올려 섬세하게 그린다.
④ 피부 표현은 어둡고 매트하게 한다.

> 한복 메이크업은 단아하고 우아한 이미지를 위해 아이라인을 두껍지 않게 눈꼬리를 살짝 올려 그리며, 눈썹은 아치형, 입술은 인커브나 표준형으로 그린다.

☆
17

인조 속눈썹의 컬 종류 중 가장 볼륨감이 풍성하고 컬링감이 높아 화려한 눈매를 연출하는 것은?

① J컬
② JC컬
③ C컬
④ CC컬

> CC컬은 C컬보다 더 강하게 말려 올라간 형태로 볼륨감과 컬링감이 가장 높다.

☆☆☆
18

노역(80세 이후) 캐릭터 메이크업의 특징으로 적절한 것은?

① 피부 탄력이 좋고 혈색이 붉다.
② 입술 색이 진하고 선명하다.
③ 치아가 상실되어 입매가 함몰되고 코끝이 붉어지기도 한다.
④ 머리숱이 많고 검게 표현한다.

> 80세 이후 노역 분장은 치아 상실, 검버섯, 백발, 탈모, 붉은 코끝 등을 표현한다.

☆☆☆
19

표피의 층 중 가장 아래에 위치하며 멜라닌 세포가 존재하여 피부색을 결정하는 층은?

① 각질층
② 과립층
③ 유극층
④ 기저층

> 기저층은 표피의 최하단부로 세포 분열이 일어나고 멜라닌 세포가 존재한다.

☆☆
20

진피의 구성 성분 중 70~80%를 차지하며 피부의 보습과 탄력을 담당하는 섬유 단백질은?

① 콜라겐
② 엘라스틴
③ 케라틴
④ 멜라닌

> 콜라겐(교원섬유)은 진피의 주성분으로 수분을 함유하여 탄력을 유지한다.

☆☆☆
21

피지선에 대한 설명으로 틀린 것은?

① 손바닥과 발바닥에 가장 많이 분포한다.
② 남성 호르몬인 안드로겐의 영향을 받는다.
③ 진피의 망상층에 위치한다.
④ 피부 보호 및 살균 작용을 한다.

> 피지선은 손바닥과 발바닥에는 분포하지 않는다.

☆☆☆
22

모발의 성장 주기 중 모발의 성장이 멈추고 가벼운 자극에도 쉽게 탈모가 일어나는 시기는?

① 성장기
② 퇴화기
③ 휴지기
④ 발생기

> 휴지기는 모발의 성장이 멈추고 모낭과 분리되어 탈락을 준비하는 시기다.

★★★ 23

손톱의 구조 중 손톱의 성장이 시작되는 곳으로 손상 시 손톱이 자라지 않을 수 있는 부위는?

① 조근
② 조체
③ 자유연
④ 큐티클

> 조근(Nail Root)은 손톱의 뿌리 부분으로 새로운 세포가 만들어져 성장이 시작되는 곳이다.

★★ 24

소독약품과 적정 사용농도의 연결이 틀린 것은?

① 알코올 70%
② 승홍수 1%
③ 석탄산 3%
④ 크레졸 3%

> 승홍수는 0.1%의 수용액을 사용한다.

★★ 25

자외선 A(UVA)의 특징으로 옳은 것은?

① 파장이 가장 짧다.
② 유리창을 통과하지 못한다.
③ 진피 깊숙이 침투하여 광노화와 색소 침착을 유발한다.
④ 홍반 발생 능력이 가장 강력하다.

> 자외선 A는 장파장으로 진피까지 침투하여 탄력 저하, 주름 등 광노화의 주원인이 된다. 홍반은 주로 UVB에 의해 발생한다.

★ 26

다음 중 열에 의한 피부 질환으로 진피층까지 손상되어 수포(물집)가 발생하는 화상은?

① 1도 화상
② 2도 화상
③ 3도 화상
④ 4도 화상

> 2도 화상은 진피까지 손상되어 수포가 생기고 통증이 심하다.

★★★ 27

눈 밑이나 뺨에 발생하는 1~2mm 크기의 둥근 백색 구진으로 안에 각질이 차 있는 피부 질환은?

① 한관종
② 비립종
③ 주사
④ 쥐젖

> 비립종은 눈 주위에 주로 생기는 좁쌀 모양의 백색 구진이다.

★★★ 28

화장품의 4대 품질 특성이 아닌 것은?

① 안전성
② 안정성
③ 사용성
④ 의학성

> 화장품의 4대 품질 특성은 안전성, 안정성, 사용성, 유효성이다. 화장품은 의약품이 아니므로 의학성은 해당하지 않는다.

✦✦✦ 29

기능성 화장품의 범위에 해당하지 않는 것은?

① 피부 미백에 도움을 주는 제품
② 주름 개선에 도움을 주는 제품
③ 자외선으로부터 피부를 보호하는 제품
④ **피부염을 치료하는 스테로이드 제품**

> 피부염 치료제는 의약품이다.

✦✦✦ 30

계면활성제의 친수성기 종류 중 살균 및 소독 작용이 우수하여 헤어 린스 등에 사용되는 것은?

① 음이온성
② **양이온성**
③ 비이온성
④ 양쪽성

> 양이온성 계면활성제는 살균, 소독, 정전기 방지 효과가 있어 린스나 트리트먼트에 쓰인다.

✦✦✦ 31

오일 성분이 물속에 우윳빛으로 불투명하게 섞여 있는 상태를 무엇이라 하는가?

① **유화**
② 가용화
③ 분산
④ 침전

> 유화(Emulsion)는 물과 오일이 계면활성제에 의해 불투명하게 섞인 상태로 크림, 로션 등이 해당된다.

✦ 32

식물성 왁스 중 녹는점이 가장 높아 립스틱 제조에 주로 사용되는 것은?

① 밀납
② 라놀린
③ **카르나우바 왁스**
④ 유동파라핀

> 카르나우바 왁스는 융점이 높아 립스틱과 같이 형태 유지가 필요한 제품에 쓰인다.

✦ 33

향수의 부향률이 가장 높은 것부터 순서대로 나열한 것은?

① **퍼퓸 - 오데퍼퓸 - 오데토일렛 - 오데코롱**
② 오데코롱 - 오데토일렛 - 오데퍼퓸 - 퍼퓸
③ 오데토일렛 - 오데코롱 - 퍼퓸 - 오데퍼퓸
④ 퍼퓸 - 오데토일렛 - 오데퍼퓸 - 오데코롱

> 농도가 진한 순서는 퍼퓸(15~30%) > 오데퍼퓸 > 오데토일렛 > 오데코롱 > 샤워코롱 순이다.

✦✦✦ 34

다음 중 미백 고시 성분에 해당하지 않는 것은?

① 알부틴
② 나이아신아마이드(닥나무추출물 등)
③ **아데노신**
④ 비타민 C 유도체

> 아데노신은 주름 개선 기능성 성분이다. (제공된 자료 기준 주름 개선제 성분으로 분류됨)

★★★
35

자외선 차단지수인 SPF는 무엇을 차단하는 지표인가?

① UVA
② **UVB**
③ UVC
④ 적외선

> SPF는 자외선 B(UVB)를 차단하는 지수이며, PA는 자외선 A(UVA)를 차단하는 등급이다.

★★★
36

공중보건학의 3대 요소(윈슬로우)가 아닌 것은?

① 수명 연장
② 감염병 예방
③ 건강과 능률의 향상
④ **질병의 치료**

> 공중보건학은 질병의 예방, 수명 연장, 건강 증진을 목적으로 하며 치료는 임상의학의 영역이다.

★★
37

인구 구성 형태 중 생산층 인구(15~49세)가 전체 인구의 50% 미만으로 인구가 유출되는 농촌형은?

① 피라미드형
② 종형
③ 별형
④ **기타형(표주박형)**

> 기타형(표주박형)은 농촌형으로 생산층 인구가 유출되어 50% 미만인 형태다.

★★★
38

한 국가의 보건 수준을 나타내는 가장 대표적인 지표는?

① 조출생률
② 조사망률
③ **영아사망률**
④ 모성사망률

> 영아사망률(생후 1년 이내 사망)은 환경 위생과 모자 보건 수준을 가장 민감하게 반영하는 지표다.

★★★
39

병원체가 바이러스인 감염병은?

① 결핵
② 콜레라
③ **홍역**
④ 장티푸스

> 홍역, 인플루엔자, 폴리오 등은 바이러스성 질환이다. 나머지는 세균성이다.

★★★
40

예방접종(백신)을 통해 획득되는 면역은?

① 자연능동면역
② **인공능동면역**
③ 자연수동면역
④ 인공수동면역

> 백신 접종은 인공적으로 항원을 주입하여 항체를 형성하게 하므로 인공능동면역이다.

다음 중 제1급 감염병에 해당하는 것은?

① 결핵
② 수두
❸ 페스트
④ 파상풍

> 페스트, 두창, 에볼라 등은 제1급 감염병이다.

모기를 매개로 전파되는 감염병이 아닌 것은?

① 일본뇌염
② 말라리아
③ 황열
❹ 발진티푸스

> 발진티푸스는 이를 매개로 전파된다.

수질 오염 지표 중 오염도가 높을수록 수치가 낮아지는 것은?

❶ DO(용존산소)
② BOD(생물화학적 산소요구량)
③ COD(화학적 산소요구량)
④ 대장균 수

> 오염이 심할수록 산소가 소비되어 DO(용존산소) 수치는 낮아진다. 나머지는 오염될수록 수치가 높아진다.

식중독 중 독소형 식중독에 해당하는 것은?

① 살모넬라
② 장염 비브리오
❸ 포도상구균
④ 병원성 대장균

> 포도상구균 식중독과 보툴리누스균 식중독은 독소형이다.

소독과 멸균의 정의 중 병원성 미생물의 생활력을 파괴하여 감염력을 없애는 것은?

❶ 소독
② 멸균
③ 살균
④ 방부

> 소독은 병원성 미생물을 죽이거나 약화시켜 감염력을 없애는 것이고, 멸균은 아포까지 사멸시키는 것이다.

고압증기멸균법의 표준 조건으로 옳은 것은?

① 100℃에서 20분
② 115℃에서 30분
❸ 121℃에서 20분
④ 135℃에서 10분

> 고압증기멸균은 15파운드 압력, 121℃에서 20분간 실시하는 것이 표준이다.

☆☆☆ 47

손이나 피부 소독에 가장 적합한 알코올 농도는?

① 30%
② 50%
③ 70%
④ 99%

에탄올은 70% 수용액일 때 살균력이 가장 강하다.

☆☆☆ 48

이·미용업소에서 사용하는 타월 등의 면직물 소독에 가장 적합한 방법은?

① 자비소독
② 알코올소독
③ 승홍수소독
④ 자외선소독

면직물은 100℃ 끓는 물에 삶는 자비소독이 효과적이다.

☆☆ 49

메이크업의 기원 중 '얼굴이나 몸을 치장하여 매력적이고 아름답게 보이기 위해 신체를 장식했다'라는 가설에 해당하는 것은?

① 신체보호설
② 이성유인설
③ 종교주술설
④ 신분표시설

'얼굴이나 몸을 치장하여 매력적이고 아름답게 보이기 위해 신체를 장식했다'고 보는 가설은 이성유인설에 해당한다.

☆☆☆ 50

미용업 영업 신고를 해야 하는 관청은?

① 보건소장
② 시·도지사
③ 시장·군수·구청장
④ 보건복지부 장관

영업 신고는 시장, 군수, 구청장에게 한다.

☆☆☆ 51

미용사 면허 결격 사유에 해당하지 않는 자는?

① 피성년후견인
② 마약 중독자
③ 활동성 결핵 환자
④ 면허 취소 후 2년이 경과한 자

면허 취소 후 1년이 경과하지 않은 자는 결격 사유이나, 2년이 지났으면 면허를 받을 수 있다.

☆☆☆ 52

영업소 폐업 시 신고 기한은?

① 즉시
② 7일 이내
③ 15일 이내
④ 20일 이내

폐업한 날로부터 20일 이내에 신고해야 한다.

★★★
53

미용업소 내의 조명 기준은?

① 50룩스 이상
② 75룩스 이상
③ 100룩스 이상
④ 150룩스 이상

영업장 안의 조명도는 75룩스 이상이어야 한다.

★★★
54

1차 위반 시 바로 면허 취소 처분을 받는 경우는?

① 이중 면허 취득
② 위생교육 미이수
③ 소독 기준 위반
④ 요금표 미게시

이중 면허 취득은 1차 위반 시 면허 취소 대상이다.

★★★
55

공중위생영업자의 위생교육 시간은?

① 매년 1시간
② 매년 2시간
③ 매년 3시간
④ 매년 4시간

위생교육은 매년 3시간이다.

★★★
56

미용 기구의 소독 기준으로 옳은 것은?

① 자외선 소독은 1분 이상 한다.
② 열탕 소독은 100℃ 물에 10분 이상 끓인다.
③ 에탄올 소독은 30% 수용액을 사용한다.
④ 석탄산수는 10% 수용액을 사용한다.

열탕 소독은 100℃ 이상 물속에서 10분 이상 끓여야 한다.

★★★
57

이 · 미용업소의 위생 서비스 수준 평가 주기는?

① 1년
② 2년
③ 3년
④ 4년

위생 서비스 수준 평가는 2년마다 실시한다.

★★
58

다음 중 병원성 미생물이 일반적으로 증식이 가장 잘 되는 범위는?

① 3.5~3.5
② 4.5~5.5
③ 5.5~6.5
④ 6.5~7.5

증식이 가장 잘 되는 pH의 범위는 6.5~7.50이다.

★★★
59

변경 신고를 하지 않아도 되는 사항은?

① 대표자 성명 변경(법인)
② 영업소 명칭 변경
③ 영업소 소재지 변경
④ 신고 면적의 1/5 증감

> 신고 면적의 1/3 이상 증감이 있을 때 변경 신고를 한다. 1/5
> 은 신고 대상이 아니다.

★★★
60

과징금 납부 통지를 받은 날부터 며칠 이내에 납부
해야 하는가?

① 7일
② 15일
③ 20일
④ 30일

> 과징금은 통지를 받은 날부터 20일 이내에 납부해야 한다.

Chapter 04

제4회 CBT 기출복원문제

01 ★★★

메이크업의 기능 중 심리적 기능에 대한 설명으로 가장 적절한 것은?

① 피부를 보호하고 결점을 커버한다.
② 자신의 사회적 지위나 신분을 나타낸다.
③ 외모에 대한 자신감을 부여하여 긍정적인 태도를 갖게 한다.
④ 다른 종족과의 식별을 위해 사용한다.

> 심리적 기능은 메이크업을 통해 외모에 자신감을 얻고 심리적 만족감을 느끼며 능동적인 태도를 갖게 되는 것을 말한다.

02 ★★★

우리나라 화장 역사 중 신라 시대의 화장 문화에 대한 설명으로 옳은 것은?

① 영육일치 사상을 바탕으로 화랑들이 화장을 했다.
② 박가분이 처음으로 제조되어 판매되었다.
③ 짙은 분대화장이 유행했다.
④ 화장품 생산을 담당하는 보염서가 설치되었다.

> 신라 시대에는 영혼과 육체는 하나라는 영육일치 사상에 따라 화랑들이 화장과 장신구 착용을 즐겼다.

03 ★★

조선 시대에 쌀이나 기장 등을 빻아서 만든 곡물 가루를 사용하여 세안을 했던 재료는?

① 조두
② 연지
③ 미묵
④ 백분

> 조선 시대에는 팥, 녹두 등을 맷돌에 갈아 만든 조두를 사용하여 세안함으로써 피부의 때를 빼고 미백 효과를 주었다.

04 ★★★

서양 메이크업 역사 중 1950년대의 특징으로 옳은 것은?

① 오드리 헵번, 마릴린 먼로 등 영화배우들이 유행을 주도했다.
② 트위기 메이크업이라 불리는 인형 같은 화장이 유행했다.
③ 펑크 스타일과 같은 반항적인 메이크업이 등장했다.
④ 눈썹을 밀어버리고 이마를 넓게 보이게 했다.

> 1950년대는 영화 산업의 발달로 오드리 헵번, 마릴린 먼로, 그레이스 켈리 등 여배우들의 메이크업 스타일이 유행했다.

05

다음 중 메이크업 베이스의 주된 역할이 아닌 것은?

① 피부색 보정
② 파운데이션의 밀착력 증대
③ 자외선 차단 및 피부 보호
④ **완벽한 잡티 커버**

> 메이크업 베이스는 피부 톤을 보정하고 파운데이션의 밀착을 돕지만, 잡티를 완벽하게 커버하는 기능은 컨실러나 파운데이션에 비해 약하다.

파운데이션을 바를 때 사용되는 도구 중 넓은 면을 얇고 고르게 펴 바르기에 가장 적합하고, 사용 후 세척하여 재사용이 가능한 것은?

① 면봉
② 라텍스 스펀지
③ **파운데이션 브러시**
④ 손가락

> 파운데이션 브러시는 피부 결을 살려 얇고 투명하게 표현하기 좋으며 세척하여 계속 사용할 수 있다.

얼굴형에 따른 쉐이딩 기법으로 틀린 것은?

① 둥근 얼굴 - 얼굴 양옆 라인에 쉐이딩을 넣는다.
② 긴 얼굴 - 이마 윗부분과 턱 끝에 쉐이딩을 넣는다.
③ 사각 얼굴 - 각진 턱뼈 부위와 양 이마 끝에 쉐이딩을 넣는다.
④ **역삼각 얼굴 - 광대뼈 아래와 턱 끝에 강하게 쉐이딩을 넣는다.**

> 역삼각형 얼굴은 턱이 뾰족하고 이마가 넓으므로 턱 끝에 쉐이딩을 넣으면 얼굴이 더 날카로워 보인다. 양쪽 이마 끝과 뾰족한 턱 끝은 하이라이트로 볼륨을 주거나 부드럽게 처리해야 한다. (문제 의도상 쉐이딩 위치 오류 찾기임. 역삼각은 넓은 이마 양옆과 뾰족한 턱을 보완해야 함). 정확히는 뾰족한 턱 끝에 쉐이딩을 하면 더 짧아 보일 수는 있으나, 보통 역삼각은 양쪽 이마 모서리와 뾰족한 턱 끝을 깎기보다는 턱 양옆의 빈약한 볼을 채우는 하이라이트가 중요하다. 보기 중 명백히 틀린 것은 턱 끝에 '강하게' 쉐이딩을 하는 것이다.

08

아이섀도 색상 선택 시 고려사항으로 가장 거리가 먼 것은?

① 입고 있는 의상의 색상
② 모델의 피부 톤
③ 계절과 조명
④ **신발의 브랜드**

> 아이섀도 색상은 의상, 피부색, TPO 등을 고려해야 하며 신발의 브랜드는 상관없다.

★★★ 09

코가 낮고 평평한 경우 콧대를 높아 보이게 하는 수정 메이크업 방법은?

① 콧등 전체에 어두운 쉐이딩을 넣는다.
② 콧방울에 밝은 하이라이트를 준다.
③ 콧대 중앙에 밝은 하이라이트를 넣고 코 벽에 자연스러운 쉐이딩을 준다.
④ 미간을 넓게 표현한다.

> 낮은 코를 높게 보이려면 콧대(T존)에 하이라이트를 주고 코 양옆 벽에 쉐이딩을 넣어 입체감을 살려야 한다.

★★ 10

입술 수정 화장 시 입꼬리가 처진 경우의 교정 방법은?

① 윗입술의 꼬리 부분을 살짝 올려서 그린다.
② 아랫입술을 본래보다 얇게 그린다.
③ 입술 산을 뾰족하게 강조한다.
④ 입술 중앙에 어두운 색을 바른다.

> 처진 입꼬리는 윗입술 라인의 끝부분을 살짝 위로 올려 그려주어 웃는 인상으로 교정한다.

★★ 11

다음 중 쿨톤 피부에 가장 잘 어울리는 블러셔 색상은?

① 오렌지
② 코랄
③ 피치
④ 핫핑크

> 핫핑크, 로즈 핑크, 라벤더 등은 차가운 느낌의 쿨톤 피부에 잘 어울린다. 오렌지, 코랄, 피치는 웜톤 색상이다.

★★★ 12

먼셀의 10색상환에서 난색(따뜻한 색)에 속하는 것은?

① 파랑
② 남색
③ 청록
④ 주황

> 빨강, 주황, 노랑 등은 따뜻한 느낌을 주는 난색 계열이다.

★★★ 13

빛의 혼합(가산 혼합)에서 3원색을 모두 섞었을 때 나타나는 색은?

① 검정
② 흰색
③ 회색
④ 보라

> 빛의 3원색(빨강, 초록, 파랑)을 모두 합치면 백색광(흰색)이 된다.

★★ 14

검은색 배경 위에 놓인 회색이 흰색 배경 위의 회색보다 더 밝아 보이는 현상은?

① 색상 대비
② 명도 대비
③ 채도 대비
④ 보색 대비

> 명도 대비는 주위 색의 밝기에 따라 사물의 명도가 달라 보이는 현상으로, 어두운 배경 위의 색이 더 밝게 보인다.

★★★
15

계절별 메이크업 중 가을 메이크업의 이미지로 가장 적절한 것은?

① 생기 있고 귀여운 이미지
② 시원하고 청량한 이미지
③ 차분하고 지적이며 그윽한 이미지
④ 차갑고 모던한 이미지

> 가을 메이크업은 브라운, 골드, 카키 등을 사용하여 차분하고 성숙하며 분위기 있는 이미지를 연출한다.

★★★
16

웨딩 메이크업 시 실내 예식장에서의 화장법으로 옳은 것은?

① 자연광을 고려하여 아주 엹게 한다.
② 조명에 의해 색이 날아갈 수 있으므로 윤곽과 색조를 또렷하게 표현한다.
③ 펄이 없는 매트한 제품만 사용한다.
④ 신랑보다 어둡게 피부 표현을 한다.

> 실내 예식은 강한 조명을 받으므로 이목구비가 흐려 보이지 않도록 윤곽을 살리고 화사하게 표현해야 한다.

★★
17

한복 메이크업에서 눈썹의 형태로 가장 어울리는 것은?

① 굵고 진한 직선형
② 가늘고 둥근 아치형
③ 눈꼬리가 올라간 상승형
④ 각이 뚜렷한 각진 형

> 한복의 곡선미와 어울리도록 눈썹은 부드러운 곡선의 아치형으로 그리는 것이 가장 우아하고 고전적이다.

★
18

흑백 사진 촬영 시 피해야 할 메이크업 색상은?

① 붉은색 계열
② 갈색 계열
③ 회색 계열
④ 검은색 계열

> 흑백 사진에서 붉은색은 검게 나오거나 칙칙하게 표현될 수 있으므로 주의해야 한다. 입술 등은 붉은색을 쓰더라도 명도 차이를 고려해야 한다.

★★★
19

피부의 구조 중 표피에서 세포 분열이 일어나지 않는 층은?

① 기저층
② 유극층
③ 과립층
④ 각질층

> 기저층과 유극층에서는 세포 분열이 일어나지만, 과립층 위쪽(투명층, 각질층)은 이미 핵이 사라지거나 각화가 진행되어 세포 분열 능력이 없다. 가장 대표적인 죽은 세포층은 각질층이다.

★★
20

피부 색소를 만드는 멜라닌 세포가 위치하는 곳은?

① 각질층
② 투명층
③ 과립층
④ 기저층

> 멜라닌 세포는 표피의 가장 아래층인 기저층에 산재해 있다.

★★ 21

진피의 구성 성분이 아닌 것은?

① 콜라겐
② 엘라스틴
③ 기질(뮤코다당류)
④ 케라틴

> 케라틴은 표피(각질층)를 구성하는 단백질이다. 진피는 콜라겐, 엘라스틴, 기질 등으로 구성된다.

★★ 22

피지선이 발달하여 모공이 넓고 번들거리는 피부 유형은?

① 건성 피부
② 중성 피부
③ 지성 피부
④ 노화 피부

> 지성 피부는 피지 분비량이 많아 피부 표면이 번들거리고 모공이 넓으며 여드름이 생기기 쉽다.

★★ 23

피부의 pH에 대한 설명으로 옳은 것은?

① 건강한 피부는 pH 7.0의 중성이다.
② 지성 피부는 pH가 낮아 산성이 강하다.
③ 건강한 피부는 pH 4.5~6.5의 약산성이다.
④ 알칼리성 비누를 사용하면 pH가 낮아진다.

> 건강한 피부의 표면은 pH 4.5~6.5 정도의 약산성을 띠어 세균의 침입을 막는다.

★ 24

자외선이 피부에 미치는 긍정적인 영향은?

① 살균 소독 작용
② 광노화 촉진
③ 홍반 반응
④ 색소 침착

> 자외선은 살균 작용을 하고 체내에서 비타민 D를 합성하는 긍정적 효과가 있다. 나머지는 부정적 영향이다.

★★★ 25

땀샘 중 겨드랑이, 유두, 배꼽 등에 주로 분포하며 체취의 원인이 되는 것은?

① 에크린선(소한선)
② 아포크린선(대한선)
③ 피지선
④ 갑상선

> 아포크린선은 모낭과 연결되어 있으며 단백질과 지방 등이 포함된 땀을 분비하여, 세균에 의해 분해되면서 독특한 체취(암내)를 유발한다.

★★ 26

모발의 성분 중 가장 많은 비중을 차지하는 것은?

① 수분
② 지방
③ 탄수화물
④ 단백질(케라틴)

> 모발의 80~90%는 케라틴이라는 단백질로 구성되어 있다.

★★★
27

다음 중 바이러스에 의해 발생하는 피부 질환은?

① 농가진
② **단순 포진**
③ 무좀
④ 아토피 피부염

> 단순 포진(헤르페스), 대상 포진, 사마귀 등은 바이러스성 피부 질환이다. 농가진은 세균, 무좀은 곰팡이(진균)가 원인이다.

★★★
28

피부에 발생하는 원발진(1차 병변)에 해당하는 것은?

① 가피(딱지)
② 궤양
③ **구진**
④ 흉터

> 구진, 반점, 결절, 수포 등은 초기 병변인 원발진이다. 가피, 궤양, 흉터는 2차적으로 생기는 속발진이다.

★★
29

화장품의 정의에 부합하지 않는 것은?

① 인체를 청결하고 미화하는 물품
② 피부나 모발의 건강을 유지하는 물품
③ 인체에 대한 작용이 경미한 물품
④ **질병의 진단 및 치료에 쓰이는 물품**

> 질병의 치료에 쓰이는 것은 의약품이다.

★★
30

기초 화장품의 사용 목적으로 틀린 것은?

① 세안(청결)
② 피부 정돈
③ 피부 보호
④ **피부색 보정 및 커버**

> 피부색 보정 및 잡티 커버는 메이크업(색조) 화장품의 목적이다. 기초 화장품은 세안, 정돈, 보호(보습/영양)를 목적으로 한다.

★★★
31

화장수(스킨/토너)의 주된 작용이 아닌 것은?

① 수분 공급
② pH 밸런스 조절
③ **자외선 차단**
④ 피부결 정돈

> 자외선 차단은 선크림이나 메이크업 베이스 등의 기능이다. 화장수는 보습, 수렴, pH 조절 등의 기능을 한다.

★
32

계면활성제의 분자 구조는 어떻게 이루어져 있는가?

① 친유성기만 있다.
② 친수성기만 있다.
③ **친수성기와 친유성기를 모두 가지고 있다.**
④ 물과 기름을 분리시키는 성질만 있다.

> 계면활성제는 물을 좋아하는 친수성기와 기름을 좋아하는 친유성(소수성)기를 동시에 가지고 있어 물과 기름을 섞이게 한다.

★★ 33

향수 중 부향률이 15~30%로 가장 높고 향이 진하며 지속 시간이 긴 것은?

① 퍼퓸
② 오 드 퍼퓸
③ 오 드 투왈렛
④ 오 드 코롱

> 퍼퓸은 향료 농도가 가장 높아 향이 깊고 오래 지속된다.

★★ 34

매니큐어(네일 에나멜)를 지울 때 사용하는 용제는?

① 아세톤
② 알코올
③ 물
④ 과산화수소

> 네일 에나멜 리무버의 주성분은 아세톤이나 에틸아세테이트 등의 용제이다.

★★ 35

기능성 화장품 심사를 담당하는 기관은?

① 보건복지부
② 환경부
③ 식품의약품안전처
④ 질병관리청

> 기능성 화장품의 심사 및 보고는 식품의약품안전처장이 담당한다.

★★★ 36

화장품 보관 방법으로 올바르지 않은 것은?

① 직사광선이 닿지 않는 서늘한 곳에 보관한다.
② 사용 후에는 반드시 뚜껑을 닫는다.
③ 습기가 많은 욕실에 보관하는 것이 좋다.
④ 유아의 손이 닿지 않는 곳에 둔다.

> 습기가 많은 곳이나 온도가 높은 곳은 변질의 우려가 있으므로 피해야 한다.

★★ 37

공중보건학의 목적과 거리가 먼 것은?

① 질병 예방
② 수명 연장
③ 신체적 정신적 건강 증진
④ 개인의 질병 치료

> 공중보건학은 지역사회나 집단 전체의 건강 증진과 질병 예방을 목적으로 하며, 개인의 질병 치료는 임상의학의 영역이다.

★★★ 38

감염병 발생의 3대 요인이 아닌 것은?

① 병원체
② 환경
③ 숙주
④ 백신

> 감염병이 발생하려면 병원체(전염원), 전염 경로(환경), 감수성 있는 숙주가 있어야 한다. 백신은 예방 수단이다.

★★
39

다음 중 제1급 감염병에 해당하는 것은?

① 결핵
② **페스트**
③ 홍역
④ 파상풍

> 페스트, 탄저, 에볼라열 등은 치명률이 높고 집단 발생 우려가 커서 즉시 신고해야 하는 제1급 감염병이다.

★★★
40

병원체가 세균이 아닌 바이러스인 질병은?

① 장티푸스
② 콜레라
③ 세균성 이질
④ **일본뇌염**

> 일본뇌염은 바이러스에 의해 감염된다. 나머지는 세균성 질환이다.

★★
41

후천성 면역 결핍증(AIDS)의 감염 경로가 아닌 것은?

① 성적 접촉
② 수혈
③ 오염된 주사바늘 공동 사용
④ **가벼운 포옹이나 악수**

> 에이즈는 혈액, 정액, 질 분비물 등을 통해 전파되며 일상적인 신체 접촉으로는 감염되지 않는다.

★★★
42

물리적 소독법 중 가장 강력한 멸균 효과를 가지며 아포까지 사멸시키는 방법은?

① 자비 소독법
② **고압 증기 멸균법**
③ 저온 살균법
④ 일광 소독법

> 고압 증기 멸균법(121℃, 15~20분)은 모든 미생물과 포자를 파괴하는 완전 멸균법이다.

★★
43

금속 기구, 유리 제품, 도자기 등의 소독에 적합하며 100℃ 이상 가열하는 방법은?

① **건열 멸균법**
② 자비 소독법
③ 화염 멸균법
④ 소각법

> 건열 멸균법은 건조한 열을 이용하여 유리나 금속 등을 멸균하는 방법이다.

★★
44

소독제 중 할로겐계에 속하며 수돗물 소독이나 식기 소독에 주로 쓰이는 것은?

① 석탄산
② 크레졸
③ **차아염소산나트륨**
④ 승홍

> 차아염소산나트륨(염소계)은 락스 성분으로 물 소독, 식기, 야채 소독 등에 널리 쓰인다.

★★★
45

미용업 영업자가 준수해야 할 위생 관리 의무로 틀린 것은?

① 소독한 기구와 소독하지 않은 기구는 분리 보관한다.
② 1회용 면도날은 손님 1인에 한해 사용한다.
③ 영업장 내부에 요금표를 게시한다.
④ **점 빼기, 귓볼 뚫기 등의 시술을 제공한다.**

> 점 빼기, 귓볼 뚫기 등은 의료 행위이므로 미용업소에서 해서는 안 된다.

★★★
46

공중위생관리법상 미용업의 변경 신고 대상이 아닌 것은?

① 영업소의 명칭 변경
② 영업소의 소재지 변경
③ **대표자의 성명 변경(개인 사업자의 경우)**
④ 신고한 영업장 면적의 3분의 1 이상의 증감

> 개인 사업자의 대표자가 바뀌면 변경 신고가 아니라 신규로 영업 신고를 다시 해야 한다. (법인의 대표자 변경은 변경 신고 사항임). 다만 문제의 의도가 변경 신고 항목이 아닌 것을 고르는 것이라면, 보통 '면적의 미미한 변경'이나 '단순 설비 교체' 등이 오답으로 나온다. 법령상 개인 영업자 지위 승계는 신고 사항이나, 단순 대표자 이름 변경(개명 등)은 변경 신고. 영업 양수도에 의한 대표자 변경은 지위 승계 신고다. 보기 중 가장 명확한 오답은 상황에 따라 다르나, 통상적으로 '개인의 대표자 변경'은 양도양수에 해당하여 지위 승계 신고 대상이지 단순 변경 신고 대상이 아니다.

★★
47

이·미용업소의 위생 등급 중 최우수 업소에 부여하는 등급 색상은?

① **녹색**
② 황색
③ 백색
④ 적색

> 최우수 업소는 녹색, 우수 업소는 황색, 일반 관리 대상 업소는 백색 등급을 부여한다.

★★★
48

미용사 면허증을 타인에게 대여했을 때 1차 위반 행정 처분 기준은?

① 경고
② 영업 정지
③ 면허 정지
④ **면허 정지 3월**

> 면허증 대여의 1차 위반 행정처분은 면허 정지 3월이다.

★★
49

다음 중 미용사의 업무 범위에 포함되는 것은?

① **눈썹 손질**
② 쌍꺼풀 수술
③ 문신
④ 박피술

> 의료 기기나 의약품을 사용하지 않는 눈썹 손질은 미용사의 업무이다. 나머지는 의료 행위다.

★★
50

공중위생영업자가 매년 받아야 하는 위생 교육 시간은?

① 2시간
② 3시간
③ 4시간
④ 5시간

공중위생영업자는 매년 3시간의 위생 교육을 이수해야 한다.

★★★
51

손톱의 조근(Root)에 대한 설명으로 옳은 것은?

① 손톱의 끝부분이다.
② **손톱이 자라기 시작하는 부분이다.**
③ 혈관과 신경이 없는 죽은 세포이다.
④ 손톱 전체를 지탱하는 받침대이다.

조근은 손톱의 뿌리로 새로운 세포가 생성되어 성장이 시작되는 곳이다.

★★
52

매니큐어 시술 순서 중 가장 먼저 하는 것은?

① 베이스 코트 바르기
② 큐티클 정리
③ **손 소독 및 폴리쉬 제거**
④ 탑 코트 바르기

시술의 첫 단계는 항상 손 소독과 기존 폴리쉬 제거(클렌징)이다.

★★
53

다음 중 웜톤(Warm Tone)에 해당하는 색상은?

① **골드**
② 실버
③ 그레이
④ 블루

골드, 오렌지, 브라운 등은 따뜻한 느낌의 웜톤 색상이다. 실버, 그레이, 블루는 쿨톤에 가깝다.

★★
54

얼굴이 긴 형의 립 메이크업 수정 방법은?

① 입술 선을 뚜렷하고 각지게 그린다.
② 아랫입술을 두껍게 그린다.
③ **입술 가로 폭을 넓게 그린다.**
④ 입술 중앙에만 포인트를 준다.

긴 얼굴은 입술의 가로 폭을 약간 넓게(길게) 그려주어 시선을 옆으로 분산시키면 얼굴 길이가 짧아 보이는 효과가 있다.

★★★
55

눈과 눈 사이가 좁은(구심형) 얼굴의 아이섀도 기법은?

① 눈 앞머리에 진한 포인트 컬러를 바른다.
② **눈꼬리 쪽에 진한 포인트 컬러를 발라 시선을 바깥으로 유도한다.**
③ 눈두덩 전체에 어두운 색을 바른다.
④ 아이라인을 앞머리부터 꼼꼼하게 채운다.

눈 사이가 좁으면 눈꼬리 쪽에 포인트를 주어 시선을 바깥으로 분산시켜야 넓어 보인다. 앞머리는 밝게 표현한다.

화장품 성분 중 수분의 증발을 막아 피부를 부드럽게 유지하는 원료는?

① 방부제
② 색소
③ **오일(유성 원료)**
④ 정제수

> 오일은 피부 표면에 막을 형성하여 수분 증발을 억제하고 피부를 유연하게 한다.

하수 오염 지표인 BOD(생물화학적 산소요구량)가 높다는 것의 의미는?

① 물이 깨끗하다.
② **물속에 유기물이 많아 오염도가 높다.**
③ 용존 산소량이 많다.
④ 물고기가 살기 좋은 환경이다.

> BOD가 높다는 것은 분해해야 할 유기물이 많다는 뜻으로 수질 오염이 심함을 의미한다.

미용업소에서 손님에게 제공하는 음용수의 기준으로 부적합한 것은?

① 끓인 물
② 정수기 물
③ 생수
④ **수돗물(끓이지 않은 것)**

> 끓이지 않은 수돗물은 직접 음용수로 제공하기에 부적합할 수 있어, 보통 끓이거나 정수된 물을 제공해야 한다.

다음 중 소독제의 구비 조건으로 옳은 것은?

① 살균력이 약할 것
② 인체에 독성이 있을 것
③ **침투력이 강할 것**
④ 금속을 부식시킬 것

> 소독제는 살균력이 강하고 침투력이 좋아야 하며, 인체에 해가 없고 기구를 부식시키지 않아야 한다.

법정 감염병 신고 의무자는?

① **의사, 한의사, 의료기관의 장**
② 환자 본인
③ 약사
④ 보건소장

> 감염병을 진단한 의사, 한의사, 의료기관의 장 등은 신고 의무가 있다.

제5회 CBT 기출복원문제

★★★ 01

메이크업의 T.P.O에 해당하지 않는 것은?

① 시간
② 장소
③ 상황
④ 성격

> T.P.O는 시간, 장소, 상황을 의미하며 이에 맞는 적절한 메이크업을 해야 한다.

★★ 02

서양 메이크업 역사 중 인공 속눈썹이 개발되어 유행하였고, 트위기 메이크업으로 대표되는 시기는?

① 1930년대
② 1950년대
③ 1960년대
④ 1980년대

> 1960년대는 인조 속눈썹을 활용하여 눈을 강조한 트위기 메이크업이 유행하였다.

★★ 03

우리나라 1920년대 화장 문화의 특징으로 옳은 것은?

① 박가분이 제조되어 판매되었다.
② 수입 화장품이 전면 금지되었다.
③ 남성 메이크업이 대중화되었다.
④ 기능성 화장품 법안이 마련되었다.

> 1920년대(1922년)에는 우리나라 최초의 관허 화장품인 박가분이 제조, 판매되었다.

★★ 04

그리스 시대의 화장 문화 특징으로 옳은 것은?

① 인위적이고 진한 화장을 선호했다.
② 남성들도 색조 화장을 즐겼다.
③ 신체 건강을 중요시하여 목욕 문화와 운동이 발달했다.
④ 가발과 향수 사용을 법으로 금지했다.

> 그리스 시대는 건강한 신체에 건전한 정신이 깃든다는 사상으로 목욕과 운동을 중시했고, 화장은 자연스러운 피부톤을 선호했다.

★★★ 05

피부의 구조 중 손바닥과 발바닥에만 존재하며, 엘라이딘이라는 반유동성 물질이 있어 빛을 차단하는 층은?

① 투명층
② 유극층
③ 과립층
④ 기저층

> 투명층은 손바닥과 발바닥처럼 피부가 두꺼운 곳에만 존재하며 수분 침투를 막고 빛을 굴절시킨다.

★★★
06

피부 밑에 있는 지방 조직으로 체온을 유지하고 외부 충격을 완화하는 층은?

① 표피
② 진피
③ **피하조직**
④ 근육층

> 피하조직은 다량의 지방을 함유하고 있어 체온 손실을 막고 외부 충격으로부터 몸을 보호하는 쿠션 역할을 한다.

★★★
07

모발의 구조 중 모발의 가장 중심부에 위치하며 멜라닌 색소와 공기를 함유하고 있는 곳은?

① 모표피
② 모피질
③ **모수질**
④ 모낭

> 모발은 밖에서부터 모표피, 모피질, 모수질로 구성된다. 모수질은 가장 안쪽에 있는 심지로 공기를 함유하여 보온 역할을 한다.

★★★
08

다음 중 복합성 피부의 특징으로 가장 적절한 것은?

① 얼굴 전체가 건조하고 당긴다.
② 얼굴 전체에 피지 분비가 왕성하다.
③ **티존은 번들거리고 유존은 건조하다.**
④ 피부 두께가 매우 얇고 예민하다.

> 복합성 피부는 이마와 코(T존)는 지성이고, 볼(U존)은 건성인 두 가지 유형이 공존하는 피부다.

★★★
09

피부의 천연보호막(피지막)을 형성하는 주된 성분 두 가지는?

① **땀과 피지**
② 림프액과 혈액
③ 콜라겐과 엘라스틴
④ 수분과 단백질

> 피지선에서 분비된 피지와 땀샘에서 나온 땀이 섞여 약산성의 천연 피지막을 형성한다.

★★
10

색조 화장품 중 붉은 기가 많은 피부를 보정하기 위해 사용하는 메이크업 베이스 색상은?

① 핑크
② 오렌지
③ **그린**
④ 바이올렛

> 붉은색의 보색인 녹색(그린) 계열을 사용하여 붉은 기를 중화시킨다.

★★
11

파운데이션을 바를 때 얼룩 없이 얇게 펴 바르기 위해 사용하는 도구 중, 좁은 부위나 수정 화장에 용이한 것은?

① 파우더 퍼프
② **라텍스 스펀지**
③ 섀도 팁
④ 스크류 브러시

> 라텍스 스펀지는 굴곡진 부위까지 섬세하게 바를 수 있고 밀착력을 높여준다.

★★
12

얼굴에 입체감을 주기 위해 콧대나 이마 중앙 등에 밝은 색을 바르는 기법은?

① 쉐이딩
❷ **하이라이트**
③ 그라데이션
④ 카모플라주

> 하이라이트는 밝은 색을 이용하여 부위를 도드라져 보이게 하고 입체감을 주는 기법이다.

★★
13

둥근 얼굴형을 갸름하게 보이게 하기 위한 블러셔 방향은?

① 가로 방향
❷ **사선 방향**
③ 둥근 원형
④ 수직 방향

> 둥근 얼굴은 광대뼈에서 입술 쪽으로 사선 방향으로 블러셔를 넣어주면 갸름하고 세련되어 보인다.

★★
14

눈 사이가 좁은 구심형 얼굴의 눈썹 수정 방법으로 옳은 것은?

① 눈썹 머리를 콧대 쪽으로 더 길게 그린다.
② 눈썹 산을 콧대 쪽으로 당겨 그린다.
❸ **눈썹 머리 사이를 조금 넓게 띄워 그린다.**
④ 눈썹 꼬리를 짧게 그린다.

> 눈 사이가 좁으면 답답해 보이므로 눈썹 머리 사이(미간)를 넓게 띄워 시원해 보이게 한다.

★★
15

입술 양옆의 입꼬리가 쳐져 우울해 보이는 경우 수정 방법은?

① 아랫입술 라인을 둥글게 그린다.
❷ **윗입술 라인의 끝부분을 살짝 올려 그린다.**
③ 입술 산을 뾰족하게 그린다.
④ 입술 전체를 작게 그린다.

> 윗입술의 꼬리 부분을 살짝 위로 향하게 그려주어 미소 짓는 듯한 인상을 만든다.

★★★
16

먼셀의 색체계에서 채도가 가장 높은 순수한 색을 무엇이라 하는가?

❶ **순색**
② 탁색
③ 청색
④ 명색

> 각 색상 중에서 채도가 가장 높고 섞임이 없는 색을 순색이라 한다.

★★★
17

색의 혼합 중 색료(물감)를 섞을수록 명도와 채도가 낮아지는 혼합은?

① 가산 혼합
❷ **감산 혼합**
③ 중간 혼합
④ 병치 혼합

> 색료의 혼합인 감산 혼합은 섞을수록 어두워지고 탁해진다.

다음 중 2차색(등화색)에 해당하는 것은?

① 빨강
② 노랑
③ 파랑
④ **보라**

> 빨강, 노랑, 파랑은 1차색이며, 빨강과 파랑을 섞은 보라는 2차색이다.

화장품의 원료 중 수분을 끌어당겨 피부를 촉촉하게 유지해 주는 보습제 성분은?

① **글리세린**
② 탤크
③ 카올린
④ 알코올

> 글리세린, 히알루론산, 프로필렌글리콜 등은 대표적인 보습제 성분이다.

화장품 제조 시 물과 기름이 잘 섞이도록 도와주는 물질은?

① 방부제
② **계면활성제**
③ 금속이온봉쇄제
④ 산화방지제

> 계면활성제(유화제)는 서로 섞이지 않는 물과 기름을 혼합해 주는 역할을 한다.

21

기초 화장품 중 피부의 pH를 조절하고 피부결을 정돈하며 청량감을 주는 것은?

① 영양 크림
② 유연 화장수(스킨)
③ **수렴 화장수(아스트린젠트)**
④ 에센스

> 수렴 화장수는 모공 수축, pH 조절, 청량감 부여 등의 기능을 하며 지성 피부에 적합하다. 유연 화장수는 각질 유연과 보습이 주 목적이다. 문제의 '청량감'과 '정돈'을 고려할 때 화장수(토너)의 일반적 기능이나, 특히 수렴 화장수가 청량감이 강하다.

기능성 화장품 중 주름 개선에 도움을 주는 고시 성분은?

① 알부틴
② **아데노신**
③ 나이아신아마이드
④ 티타늄디옥사이드

> 아데노신과 레티놀은 주름 개선 기능성 성분이다. 알부틴과 나이아신아마이드는 미백, 티타늄디옥사이드는 자외선 차단 성분이다.

향수의 발산 속도에 따른 단계 중 뿌린 후 30분에서 1시간 정도 지난 뒤 나타나는 향으로 향수의 본연의 향을 의미하는 것은?

① 탑 노트
② **미들 노트**
③ 베이스 노트
④ 라스트 노트

> 미들 노트는 알코올이 날아가고 향수의 중심이 되는 향이 나타나는 단계다.

24 ⭐⭐

아로마 오일의 사용 시 주의사항이 아닌 것은?

① 사용하기 전에 첩포 테스트를 해야 함
② 직사광선을 피하고 서늘하고 어두운 곳에 보관
③ 개봉한 정유는 6개월 이내에 사용해야 함
④ 반드시 희석해서 사

> 개봉한 정유는 1년 이내에 사용해야 한다.

25 ⭐⭐⭐

세계보건기구(WHO) 헌장에서 정의하는 건강의 의미로 옳은 것은?

① 단순히 질병이 없는 상태
② 신체가 허약하지 않은 상태
③ 육체적, 정신적, 사회적으로 완전히 안녕한 상태
④ 경제적으로 부유한 상태

> WHO는 건강을 육체적, 정신적, 사회적으로 완전히 안녕한 상태라고 정의한다.

26 ⭐⭐

실내 공기 오염의 지표로 사용되는 가스는?

① 일산화탄소
② 이산화탄소
③ 아황산가스
④ 오존

> 군집독 등 실내 공기 오염도를 측정하는 지표는 이산화탄소(CO_2)이다. 대기 오염 지표는 아황산가스나 일산화탄소 등이 쓰인다.

27 ⭐⭐⭐

물의 정수 과정 순서로 옳은 것은?

① 침전 - 여과 - 소독
② 여과 - 침전 - 소독
③ 소독 - 침전 - 여과
④ 침전 - 소독 - 여과

> 물은 침전(가라앉힘), 여과(거름), 소독(살균)의 과정을 거쳐 정수된다.

28 ⭐⭐⭐

하수 처리법 중 호기성 미생물을 이용하여 유기물을 분해하는 방법은?

① 활성오니법
② 임호프 탱크법
③ 부패조법
④ 스크린법

> 활성오니법은 산소를 좋아하는 호기성 미생물을 증식시켜 하수 중의 유기물을 분해 처리하는 방식이다.

29 ⭐⭐

다음 중 인공수동면역에 해당하는 것은?

① 예방 접종
② 모유 수유
③ 감염 후 회복
④ 항독소(혈청) 주사

> 항체나 항독소를 직접 주사하여 즉각적인 면역을 얻는 것은 인공수동면역이다.

★★★ 30

병원체가 세균이며 결핵균에 의해 발생하는 호흡기 감염병은?

① 결핵
② 장티푸스
③ 일본뇌염
④ 홍역

결핵은 결핵균(세균)에 의해 발생하며 호흡기를 통해 전파된다.

★★★ 31

예방 접종약인 DPT가 예방하는 질병이 아닌 것은?

① 디프테리아
② 백일해
③ 파상풍
④ 결핵

DPT는 디프테리아(D), 백일해(P), 파상풍(T)을 예방한다. 결핵 예방 접종은 BCG이다.

★★ 32

다음 중 경구(입)를 통해 감염되는 소화기계 감염병은?

① A형 간염
② B형 간염
③ C형 간염
④ 일본뇌염

A형 간염은 오염된 물이나 음식을 통해 입으로 감염된다. B형, C형 간염은 혈액을 통해 감염된다.

★★ 33

동물과 사람이 공통으로 감염될 수 있는 인수공통감염병은?

① 탄저
② 홍역
③ 폴리오
④ 백일해

탄저, 결핵, 공수병, 브루셀라증 등은 동물과 사람 모두 감염되는 인수공통감염병이다.

★★★ 34

물리적 소독법 중 우유나 주스 등의 영양 파괴를 줄이기 위해 실시하는 방법은?

① 저온 살균법
② 고압 증기 멸균법
③ 자비 소독법
④ 화염 멸균법

저온 살균법(파스퇴르법)은 60~65도에서 30분간 가열하여 영양분 손실 없이 병원균만 사멸시키는 방법이다.

★★★ 35

크레졸 비누액의 일반적인 소독 농도는?

① 1%
② 3%
③ 10%
④ 50%

크레졸은 보통 3% 수용액(물 97 : 크레졸 3)으로 희석하여 사용한다.

★★★
36

자외선 소독의 특징으로 틀린 것은?

① 살균력이 강하다.
② 투과력이 강하여 물체 내부까지 소독된다.
③ 잔류 독성이 없다.
④ 사용 방법이 간편하다.

> 자외선은 투과력이 매우 약하여 물체 표면이나 공기 살균에만
> 효과가 있고, 그늘진 곳이나 내부는 소독되지 않는다.

★★★
37

미용업 영업자가 받아야 하는 위생 교육을 받지 않았을 때 부과되는 행정 처분은?

① 징역
② 과태료
③ 면허 취소
④ 영업장 폐쇄

> 위생 교육 미이수 시 200만 원 이하의 과태료가 부과된다.

★★★
38

이·미용업소의 영업소 폐쇄 명령을 받고도 계속 영업을 했을 때의 벌칙은?

① 1년 이하 징역 또는 1천만 원 이하 벌금
② 200만 원 이하 과태료
③ 300만 원 이하 벌금
④ 6월 이하 징역

> 폐쇄 명령을 위반하여 영업한 경우 1년 이하의 징역 또는 1천
> 만 원 이하의 벌금에 처한다.

★★★
39

공중위생영업의 승계가 가능한 경우가 아닌 것은?

① 영업자가 사망하여 상속인이 승계하는 경우
② 영업을 양도하여 양수인이 승계하는 경우
③ 법인이 합병하여 합병 후 법인이 승계하는 경우
④ 영업 정지 기간 중에 폐업하고 가족에게 넘기는 경우

> 행정 처분 절차가 진행 중이거나 영업 정지 처분 기간 중에는
> 폐업 신고나 영업 승계가 제한될 수 있다. 특히 처분 회피 목적
> 의 승계는 인정되지 않는다.

★★★
40

미용사 면허를 이중으로 취득했을 때의 처분은?

① 면허 정지 1개월
② 면허 정지 3개월
③ 면허 취소
④ 경고

> 이중으로 면허를 취득한 경우 나중에 취득한 면허는 취소된다.

★★★
41

손님이 사용한 1회용 면도날을 다시 사용했을 때 1차 위반 행정 처분은?

① 경고
② 영업 정지 5일
③ 영업 정지 15일
④ 영업장 폐쇄

> 손님이 사용한 1회용 면도날을 다시 사용했을 때 1차 위반 행정
> 처분은 경고이다.

✭✭✭ 42

미용업소의 위생 등급 평가를 실시하는 자는?

① 보건소장
✔ **시장, 군수, 구청장**
③ 보건복지부 장관
④ 환경부 장관

> 위생 서비스 수준 평가는 시장, 군수, 구청장이 실시한다.

✭✭✭ 43

다음 중 비감염성인 경우에만 미용사 면허를 받을 수 있는 질환은?

✔ **결핵**
② 비염
③ 위염
④ 장염

> 결핵 환자는 원칙적으로 면허 결격 사유이나, 비감염성인 경우에는 예외적으로 면허를 받을 수 있다.

✭ 44

메이크업 시 피부색을 통일시켜 피부 표현을 해주며, 포인트 메이크업을 더욱 돋보이게 하는 화장품은?

① 아이섀도우
② 아이라이너
③ **파운데이션**
④ 파우더

> 파우더는 파운데이션의 유분기를 제거하고 난반사 효과를 지니는 메이크업의 지속효과를 더해주는 화장품이다.

✭✭✭ 45

습윤제(보습제)로 사용되며 공기 중의 수분을 흡수하는 성질이 강한 성분은?

① 에탄올
✔ **글리세린**
③ 멘톨
④ 캄퍼

> 글리세린은 대표적인 흡습성 보습제로 공기 중의 수분을 끌어당겨 피부를 촉촉하게 한다.

✭✭✭ 46

클렌징 폼의 주된 세정 원리는?

① 용해 작용
② 유화 작용
③ **비누화 작용(계면활성)**
④ 산화 작용

> 클렌징 폼은 계면활성제의 거품과 세정력을 이용해 수용성 노폐물을 제거한다. 클렌징 크림이나 오일은 유화 및 용해 작용을 이용한다.

✭✭✭ 47

자외선 차단제에 표기된 PA+의 의미는?

① 자외선 B 차단 효과가 있음
✔ **자외선 A 차단 효과가 있음**
③ 자외선 차단 효과가 매우 강력함
④ 자외선 차단 효과가 없음

> PA는 자외선 A 차단 지수이며, +는 차단 효과가 있음을, ++는 상당히 높음, +++는 매우 높음을 의미한다.

노화 피부의 특징으로 틀린 것은?

① 피지 분비 감소로 건조하다.
② 진피의 콜라겐 감소로 탄력이 떨어진다.
③ 표피의 회복 속도가 느려진다.
④ 유수분이 많아 번들거린다.

> 노화 피부는 유분과 수분이 모두 부족하여 건조하고 거칠다.

여드름 피부의 관리 방법으로 옳은 것은?

① 유분이 많은 화장품을 사용한다.
② 손으로 짤 때까지 기다린다.
③ 자극이 적은 세안제로 청결을 유지한다.
④ 알코올이 함유된 화장품은 절대 피한다.

> 여드름 피부는 청결이 중요하며, 소독 및 수렴 효과가 있는 화장수를 사용하는 것이 좋다. 손으로 짜면 흉터가 남을 수 있다.

화장품법상 기재 및 표시 사항에 포함되지 않는 것은?

① 전 성분
② 용량 또는 중량
③ 제조 번호
④ 화장품의 효능에 대한 연구 논문

> 연구 논문은 기재 사항이 아니다.

다음 중 3차색에 해당하는 것은?

① 빨강
② 주황
③ 다홍(빨강+주황)
④ 초록

> 3차색은 1차색과 2차색을 섞은 색이다. 다홍(Red-Orange)은 1차색 빨강과 2차색 주황을 섞은 3차색이다.

눈이 튀어나온 돌출형 눈의 아이섀도 기법은?

① 눈두덩 전체에 펄이 있는 밝은 색을 바른다.
② 붉은 계열의 팽창색을 바른다.
③ 어두운 갈색이나 회색 등 수축색으로 그라데이션 한다.
④ 아이라인을 생략한다.

> 돌출형 눈은 들어가 보이게 하기 위해 어두운 수축색(저명도, 저채도)을 사용하여 음영을 준다.

53

입술이 얇은 경우의 립 메이크업은?

① 입술 안쪽으로 작게 그린다.
② 짙고 매트한 색상을 바른다.
③ 입술 라인 바깥으로 아웃커브를 그리고 펄감이 있는 밝은 색을 바른다.
④ 입술 선을 흐릿하게 처리한다.

> 얇은 입술은 확대되어 보이도록 라인 바깥으로 그리고 팽창색(밝은 색, 펄)을 사용한다.

★★★
54

다음 중 바이러스성 질환이 아닌 것은?

① 수두
② 유행성 이하선염(볼거리)
③ 풍진
❹ **세균성 이질**

> 세균성 이질은 이름에서 알 수 있듯이 세균에 의한 질환이다.

★★
55

살균력이 가장 강한 자외선 파장은?

① 2000Å
❷ **2537Å**
③ 3000Å
④ 4000Å

> 자외선 중 2537Å(옹스트롬) 부근의 파장이 가장 살균력이 강하다. (약 254nm)

★
56

미용업소의 쓰레기통 용기 기준은?

① 뚜껑이 없는 것
❷ **뚜껑이 있는 것**
③ 투명한 비닐봉지
④ 종이 상자

> 위생 관리를 위해 오물통(쓰레기통)은 뚜껑이 있는 용기를 사용해야 한다.

★★★
57

공중위생관리법상 영업 정지 처분을 받고 그 기간 중에 영업을 한 때의 행정 처분은?

① 영업 정지 1개월 추가
❷ **영업소 폐쇄 명령**
③ 경고
④ 과태료

> 영업 정지 명령을 위반하고 영업을 계속하면 영업소 폐쇄 명령이 내려진다.

★★
58

이마가 좁은 얼굴형의 하이라이트 위치는?

❶ **이마 중앙과 헤어라인 쪽으로 넓게 펴 바른다.**
② 턱 끝에만 바른다.
③ 눈썹 뼈에 바른다.
④ 코볼에 바른다.

> 좁은 이마는 넓고 볼록해 보이도록 이마 중앙을 중심으로 넓게 하이라이트를 준다.

포인트 메이크업 제품이 아닌 것은?

① 립스틱
② 아이라이너
③ **파우더**
④ 블러셔

> 파우더는 베이스 메이크업 제품에 속한다.

다음 중 눈썹 수정 도구가 아닌 것은?

① 트위저(족집게)
② 눈썹 가위
③ 눈썹 칼
④ **뷰러**

> 뷰러는 속눈썹을 컬링 하는 도구이며, 눈썹을 다듬거나 수정하는 도구는 아니다. 트위저, 가위, 칼은 눈썹 수정용이다.

Chapter 06

제6회 CBT 기출복원문제

★★ 01

메이크업의 기원설 중 이성을 유혹하거나 다른 종족에게 강한 인상을 주기 위해 사용했다는 설은?

① 보호설
② 장식설
③ 종교설
④ 신분표시설

> 장식설은 이성을 유혹하거나 종족 본능을 위해 장식을 했다는 설로 메이크업 기원 중 가장 유력한 학설이다.

★★ 02

우리나라 화장 역사 중 삼국시대에 대한 설명으로 틀린 것은?

① 고구려의 시녀들은 붉은색 연지 이마에 발랐다.
② 백제는 엷고 은은한 화장을 선호했다.
③ 신라는 영육일치 사상으로 남성 화장이 성행했다.
④ 고구려 벽화를 통해 당시 화장 문화를 엿볼 수 있다.

> 고구려 벽화(수산리 고분 등)에 나타난 여인들의 모습에서 연지 화장을 볼 수 있으나, 시녀들이 이마에 붉은 연지를 바른 것은 아니다. 이마에 연지를 바르는 곤지 풍습은 몽골의 영향으로 고려 후기나 조선 시대 연지 화장과 관련이 깊다. 고구려 시녀 그림에는 입술과 볼에 연지를 바른 모습이 나타난다.

★★ 03

조선 시대 여성들이 화장할 때 눈썹을 그리기 위해 사용한 재료는?

① 미묵
② 백분
③ 연지
④ 조두

> 미묵은 식물의 재를 기름에 개어 만든 것으로 눈썹을 그리는 데 사용했다.

★★ 04

1980년대 메이크업의 특징으로 옳은 것은?

① 가늘고 둥근 눈썹이 유행했다.
② 입술 라인을 흐리게 표현했다.
③ 컬러 TV의 보급으로 다양한 색채를 사용한 화려한 메이크업이 유행했다.
④ 흑백 영화의 영향으로 명암 위주의 메이크업을 했다.

> 1980년대는 컬러 TV의 보급과 함께 화려한 색조 화장이 유행했으며, 굵고 진한 눈썹과 입체적인 메이크업이 특징이다.

파운데이션을 바를 때 사용하는 도구 중 넓은 면을 빠르게 펴 바르기 좋으며 밀착력을 높여주는 도구는?

① 브러시
② 라텍스 스펀지
③ 면봉
④ 손가락

라텍스 스펀지는 넓은 면을 균일하게 바르고 두드려 밀착력을 높이는 데 효과적이다.

다음 중 웜톤 피부를 가진 사람에게 가장 잘 어울리는 립스틱 색상은?

① 마젠타 핑크
② 오렌지 코랄
③ 라벤더
④ 버건디

오렌지 코랄은 노란 기가 도는 웜톤 피부에 잘 어울리는 따뜻한 색상이다. 나머지는 쿨톤에 가깝다.

각진 얼굴형을 부드럽게 보이기 위한 눈썹 모양은?

① 각진 눈썹
② 일자형 눈썹
③ 아치형 눈썹
④ 꼬리가 올라간 눈썹

각진 얼굴은 턱선의 강한 인상을 중화시키기 위해 둥근 곡선의 아치형 눈썹이 적합하다.

코가 긴 얼굴의 수정 메이크업 방법으로 옳은 것은?

① 코 전체에 하이라이트를 준다.
② 콧방울과 코끝 부분에 쉐이딩을 준다.
③ 눈썹 앞머리를 콧대 쪽으로 길게 그린다.
④ 미간을 좁게 표현한다.

코가 긴 경우 코끝에 쉐이딩을 주어 길이를 끊어 보이는 효과를 주고, 미간 사이를 너무 좁지 않게 한다.

09

입술 양쪽 끝(입꼬리)이 올라가 보이게 하는 메이크업 테크닉은?

① 윗입술 라인을 둥글게 그린다.
② 아랫입술 라인을 직선으로 그린다.
③ 입술 양 끝(구각)의 윗라인을 살짝 올려 그린다.
④ 입술 중앙을 진하게 바른다.

윗입술의 끝부분(구각)을 살짝 위로 올려 그려주면 웃는 인상을 만들 수 있다.

눈두덩이 넓고 부어 보이는 눈의 아이섀도 기법은?

① 펄이 많은 밝은 색을 눈두덩 전체에 바른다.
② 붉은색 계열의 팽창색을 사용한다.
③ 차분한 저명도의 색상으로 눈두덩에 넓게 펴 발라 가라앉아 보이게 한다.
④ 아이라인을 생략한다.

부어 보이는 눈은 수축 효과가 있는 어두운 색(저명도)이나 차분한 색으로 음영을 주어야 한다.

★★★
11

먼셀의 색상환에서 보색 관계에 있는 색끼리 짝지어
진 것은?

✔ ① 빨강 - 청록
② 노랑 - 주황
③ 파랑 - 남색
④ 초록 - 연두

> 먼셀 색상환에서 빨강의 보색은 청록이다. 노랑의 보색은 남색
> 이다.

★★★
12

다음 중 빛의 삼원색(RGB)에 해당하지 않는 것은?

① 빨강
② 초록
③ 파랑
✔ ④ 노랑

> 빛의 삼원색은 빨강, 초록, 파랑이다. 노랑은 색료의 삼원색 중
> 하나이다.

★★
13

동일한 색이라도 배경색에 따라 색의 성질이 달라져
보이는 현상은?

✔ ① 색상 대비
② 보색 대비
③ 면적 대비
④ 연변 대비

> 색상 대비는 배경색의 차이로 인해 본래의 색이 달라 보이는 현
> 상이다.

★★
14

계절별 메이크업 중 여름 타입의 이미지로 적절한
것은?

① 따뜻하고 포근한 이미지
✔ ② 시원하고 청량하며 깨끗한 이미지
③ 화려하고 강렬한 이미지
④ 차분하고 지적인 이미지

> 여름 메이크업은 시원하고 청량하며 흰빛이 섞인 파스텔 톤을
> 사용하여 깨끗한 이미지를 연출한다.

★★
15

TV 분장 시 조명에 의한 색의 변화를 고려할 때 주
의할 점은?

① 푸른 조명 아래서는 붉은색이 더 선명해 보인다.
✔ ② 붉은 조명 아래서는 붉은색 메이크업이 옅어 보
   인다.
③ 노란 조명 아래서는 노란색이 돋보인다.
④ 조명 색과 관계없이 항상 같은 색을 쓴다.

> 조명 색과 같은 계열의 색을 사용하면 그 색이 조명에 묻혀 옅
> 어 보이거나 탁해 보일 수 있다.

★★
16

한복 메이크업 시 립 메이크업 방법으로 가장 적절
한 것은?

① 입술 선을 흐리게 하여 번진 듯 표현한다.
✔ ② 한복 저고리의 고름 색이나 치마 색과 조화를 이
   루는 색을 선택한다.
③ 펄이 많이 들어간 립글로스를 듬뿍 바른다.
④ 검붉은 색으로 강한 인상을 준다.

> 한복 메이크업은 의상과의 조화가 중요하므로 저고리 고름이나
> 치마 색상과 어울리는 립스틱을 선택하여 단아하게 표현한다.

17

속눈썹을 붙일 때 눈매가 길어 보이게 하려면 어떤 형태를 선택해야 하는가?

① 눈 앞머리가 긴 형태
② 중앙이 긴 형태
❸ **눈꼬리 쪽으로 갈수록 길어지는 형태**
④ 숱이 전체적으로 적은 형태

> 눈꼬리 쪽이 긴 형태의 속눈썹을 붙이면 눈매가 길고 그윽해 보이는 효과가 있다.

피부 구조 중 진피에 존재하는 성분이 아닌 것은?

① 콜라겐
② 엘라스틴
③ 히알루론산
❹ **케라토하일린**

> 케라토하일린은 표피의 과립층에 존재하는 과립 성분이다. 콜라겐, 엘라스틴, 히알루론산(기질)은 진피에 존재한다.

표피의 턴오버(각화) 주기는 정상 피부의 경우 대략 며칠인가?

① 7일
② 14일
❸ **28일**
④ 60일

> 정상적인 피부의 각화 주기는 약 4주(28일)이다.

땀샘(한선)에 대한 설명으로 옳은 것은?

① 에크린선은 모낭과 연결되어 있다.
② 아포크린선은 체온 조절이 주된 기능이다.
❸ **에크린선은 전신에 분포하며 수분이 주성분이다.**
④ 아포크린선은 사춘기 이전에 가장 활발하다.

> 에크린선(소한선)은 전신에 분포하며 수분 배출을 통해 체온을 조절한다. 아포크린선은 사춘기 이후 활발해진다.

피부 유형 중 유분은 많으나 수분이 부족하여 당김을 느끼는 피부는?

① 건성 피부
❷ **수부지(수분 부족형 지성) 피부**
③ 중성 피부
④ 민감성 피부

> 지성 피부 중에서도 수분 부족형 지성은 표면은 번들거리지만 속당김을 느끼는 것이 특징이다.

자외선 차단제에 표시된 SPF 지수가 의미하는 것은?

① 자외선 A 차단 지수
❷ **자외선 B 차단 지수**
③ 자외선 C 차단 지수
④ 적외선 차단 지수

> SPF(Sun Protection Factor)는 자외선 B를 차단하는 지수이다.

★★ 23

여드름의 발생 원인이 아닌 것은?

① 피지의 과다 분비
② 모공의 폐쇄
③ 여드름 균의 증식
④ **피부의 건조화**

> 여드름은 주로 피지 과다, 모공 막힘, 세균 번식 등에 의해 발생한다. 건조함보다는 유분 과다가 주원인이다.

★★★ 24

다음 중 바이러스성 피부 질환은?

① 무좀
② 옴
③ **대상포진**
④ 농가진

> 대상포진은 수두 바이러스가 잠복해 있다가 면역력이 떨어지면 발병하는 바이러스성 질환이다.

★★ 25

손톱의 구조 중 반달 모양의 흰색 부분은?

① 조근
② **조반월**
③ 조상
④ 자유연

> 조반월(Lunula)은 손톱 뿌리 쪽에 있는 반달 모양의 흰색 부분이다.

★★ 26

화장품 원료 중 알코올(에탄올)의 주된 기능이 아닌 것은?

① 살균 소독 작용
② 청량감 부여
③ 수렴 작용
④ **보습 작용**

> 알코올은 휘발성이 있어 청량감을 주고 소독 및 수렴 작용을 하지만, 수분을 증발시켜 피부를 건조하게 할 수 있으므로 보습 작용과는 거리가 멀다.

★★ 27

향수의 종류 중 알코올 함량이 가장 적고 향료 함량이 1~3% 정도로 샤워 후 가볍게 사용하는 것은?

① 오 드 코롱
② 오 드 투왈렛
③ **샤워 코롱**
④ 퍼퓸

> 샤워 코롱은 부향률이 가장 낮아 향이 은은하고 가볍게 전신에 뿌리기 좋다.

★★ 28

다음 중 아로마 오일(에센셜 오일)의 사용법으로 틀린 것은?

① **원액을 피부에 직접 바른다.**
② 캐리어 오일에 희석하여 마사지한다.
③ 목욕물에 떨어뜨려 사용한다.
④ 램프를 이용해 향을 흡입한다.

> 에센셜 오일은 고농축이므로 원액을 직접 피부에 바르면 자극이 될 수 있어 반드시 캐리어 오일 등에 희석해서 사용해야 한다. (라벤더, 티트리 등 일부 예외는 있으나 원칙적으로 희석 사용).

PART 02

29

미백 기능성 고시 성분이 아닌 것은?

① 알부틴
② 나이아신아마이드
③ 닥나무 추출물
④ **레티놀**

레티놀은 주름 개선 기능성 성분이다.

30

화장품법상 화장품 제조에 사용할 수 없는 원료는?

① 글리세린
② 정제수
③ **수은 및 그 화합물**
④ 식물성 오일

수은, 납, 비소 등 중금속은 화장품 배합 금지 원료이다.

31

다음 중 보건행정의 특성으로 볼 수 없는 것은?

① 공공성
② 봉사성
③ 교육성
④ **영리성**

보건행정은 국민의 건강을 위한 공공의 이익을 추구하므로 영리
성과는 거리가 멀다.

32

감염병의 예방 및 관리에 관한 법률상 제2급 감염병
에 속하는 것은?

① **결핵**
② 페스트
③ 야토병
④ 인플루엔자

결핵, 홍역, 수두 등은 제2급 감염병이다. 페스트와 야토병은 1
급이다.

33

경구 침입(소화기계) 감염병의 예방 대책으로 가장
중요한 것은?

① 마스크 착용
② **환경 위생 및 음식물 관리**
③ 성 접촉 피하기
④ 모기 방제

소화기계 감염병은 물이나 음식물로 전파되므로 음식물 위생 관
리와 손 씻기가 가장 중요하다.

34

다음 중 인축(사람과 가축) 공통 감염병이 아닌 것은?

① 탄저
② 결핵
③ 공수병
④ **매독**

매독은 사람 간의 성 접촉이나 수직 감염으로 전파되는 성병이
며 동물이 매개하지 않는다.

★★ 35

예방 접종을 통해 형성되는 면역의 종류는?

① 자연 능동 면역
② **인공 능동 면역**
③ 자연 수동 면역
④ 인공 수동 면역

> 백신(항원)을 주사하여 체내에서 항체를 만들게 하는 것은 인공 능동 면역이다.

★★ 36

소독제 중 석탄산(페놀)에 대한 설명으로 옳은 것은?

① 소독력이 가장 강하다.
② **소독제의 살균력을 비교하는 기준이 된다.**
③ 금속을 부식시키지 않는다.
④ 냄새가 없다.

> 석탄산은 소독제의 살균력을 비교하는 기준(석탄산 계수)으로 사용된다. 독성과 냄새가 강하다.

★★ 37

미용업소의 가운이나 타월 등을 소독하기에 가장 적합한 물리적 소독법은?

① **자비 소독**
② 건열 멸균
③ 화염 멸균
④ 자외선 소독

> 섬유 제품은 끓는 물에 삶는 자비 소독이 가장 경제적이고 효과적이다.

★★ 38

소독제의 살균력 지표인 석탄산 계수가 3.0이라는 의미는?

① **살균력이 석탄산의 3배이다.**
② 살균력이 석탄산의 1/3배이다.
③ 농도를 3%로 해야 한다.
④ 3시간 동안 소독해야 한다.

> 석탄산 계수가 높을수록 살균력이 강하며, 3.0은 석탄산보다 3배 강하다는 뜻이다.

★★★ 39

공중위생관리법상 미용업을 개설할 수 있는 자는?

① **미용사 면허를 소지한 자**
② 미용사 자격증만 소지한 자
③ 위생 교육만 이수한 자
④ 누구나 가능

> 미용업 개설 통보를 하려면 미용사 면허증을 소지해야 한다. 자격증만으로는 개설할 수 없다.

★★★ 40

미용업소에서 손님에게 요금을 받지 않고 봉사 활동으로 미용 행위를 하는 경우는?

① **신고하지 않아도 된다.**
② 반드시 신고해야 한다.
③ 면허가 없어도 된다.
④ 영업 정지 대상이다.

> 사회복지시설 등에서 봉사 활동으로 하는 미용 행위는 영업소 외의 장소에서 할 수 있는 예외적인 경우로 허용된다.

★★★ 41

미용업 영업자가 영업소를 폐쇄(폐업)했을 때 신고 기한은?

① 10일 이내
② 15일 이내
③ **20일 이내**
④ 30일 이내

폐업 신고는 폐업한 날로부터 20일 이내에 해야 한다.

★★★ 42

미용사 면허증을 분실했을 때 재발급 신청을 하는 곳은?

① 보건소
② **시 · 도지사 또는 시장 · 군수 · 구청장**
③ 경찰서
④ 보건복지부

면허 발급 기관인 시장, 군수, 구청장(자치구)에게 재발급을 신청한다.

★★ 43

청소년에게 출입을 허용해서는 안 되는 업소는?

① 미용업
② 이용업
③ **유흥주점**
④ 목욕장업

유흥주점이나 단란주점 등은 청소년 출입 금지 구역이다. 미용업은 출입 가능하다.

★★★ 44

공중위생감시원의 자격 요건이 아닌 것은?

① 위생사 자격증 소지자
② 환경기사 자격증 소지자
③ 3년 이상 공중위생 행정에 종사한 경력이 있는 자
④ **미용사 자격증 소지자**

미용사 자격증 소지자는 공중위생감시원의 자격 요건에 명시되어 있지 않다. 대학에서 관련 학과를 전공하거나 1년 이상 행정 경력 등이 필요하다.

★★★ 45

미용업소의 위생 관리 의무를 위반하여 과태료 처분을 받을 때, 이의가 있는 경우 통보받은 날로부터 며칠 이내에 이의 제기를 할 수 있는가?

① 30일
② **60일**
③ 90일
④ 14일

질서위반행위규제법 등에 따라 과태료 부과에 불복하는 경우 통지받은 날로부터 60일 이내에 이의를 제기할 수 있다.

★★★ 46

미용 기구 중 가위나 빗에 묻은 오염 물질을 닦아내는 데 사용하는 소독제는?

① 3% 크레졸 비누액
② **70% 에탄올**
③ 10% 과산화수소
④ 0.1% 승홍수

70% 에탄올(알코올)은 금속이나 플라스틱 기구의 표면 소독에 효과적이며 잔여물이 남지 않아 편리하다.

★★ 47

제3급 감염병에 해당하며, 모기를 매개로 하는 일본 뇌염의 예방 접종 시기는?

① 생후 4주 이내
② 생후 12~23개월
③ 만 12세
④ 매년 가을

일본뇌염 생백신/사백신은 표준 예방 접종 일정에 따라 생후 12~23개월경에 1차 접종을 시작한다.

★★ 48

화장품의 4대 요건 중 사용했을 때 변질되지 않고 오래 유지되는 성질은?

① 안전성
② 안정성
③ 사용성
④ 유효성

안정성(Stability)은 보관 중 변질, 변색, 냄새 변화 등이 없는 것을 말한다.

★★★ 49

얼굴의 황금 비율에서 상안, 중안, 하안의 비율은?

① 0.8 : 1 : 0.8
② 1 : 1 : 1
③ 1 : 1.5 : 1
④ 1 : 1 : 0.8

가장 이상적인 얼굴 비율은 이마, 코, 턱의 길이가 1:1:1이다. (최근 동안 트렌드로는 하안이 조금 짧은 것을 선호하기도 하지만 이론상 1:1:1).

★★ 50

다음 중 클렌징 오일을 사용할 때 물을 묻혀 문지르면 우유처럼 뿌옇게 변하는 현상은?

① 산화 과정
② 유화 과정
③ 중화 과정
④ 용해 과정

오일이 물과 만나 유화제에 의해 섞이면서 뿌옇게 변하는 과정을 유화(Emulsification) 과정이라 하며, 이때 노폐물이 잘 분리된다.

★ 51

눈썹을 다듬을 때 사용하는 도구로, 잔털을 뽑거나 눈썹 모양을 정리할 때 쓰는 것은?

① 트위저(족집게)
② 아이라시 컬러
③ 스크류 브러시
④ 섀도 팁

트위저는 잔털을 뽑아서 정리하는 도구이다.

★★ 52

입술 색이 너무 진하거나 칙칙할 때 립스틱 본연의 색을 내기 위해 사용하는 제품은?

① 립 라이너
② 립글로스
③ 립 컨실러 또는 파운데이션
④ 립밤

립 컨실러나 파운데이션으로 입술 색을 다운시킨 후 립스틱을 바르면 발색이 선명하다.

★★★ 53

블러셔를 바를 때 귀엽고 어려 보이는 이미지를 연출하기 위한 위치는?

① 광대뼈 아래 사선
② 광대뼈 중앙(애플존)에 둥글게
③ 관자놀이에서 입꼬리 쪽으로
④ 턱선 라인

웃을 때 튀어나오는 광대뼈 중앙(애플존)에 둥글게 바르면 귀엽고 생기 있어 보인다.

★ 54

피부의 각질층에 수분을 공급하고 청량감을 주며 남은 클렌징 잔여물 제거를 하는 것으로 옳은 것은?

① 팩
② 마스크
③ 로션
④ 화장수

화장수의 주요기능은 각질층에 수분을 공급하며 청량감을 부여하고 피부 진정 및 클렌징 작용을 하고 클렌징 잔여물 제거 작용과 함께 pH 밸런스 조절 작용을 한다.

★★★ 55

인체의 뼈 개수는 대략 몇 개인가?

① 약 100개
② 약 206개
③ 약 300개
④ 약 500개

성인의 뼈 개수는 약 206개이다.

★★ 56

감염병 중 음용수를 통해 전염될 수 있는 것은?

① 백일해
② 이질
③ 풍진
④ 한센병

물, 식품을 매개로 발생하는 감염병 : 콜레라, 장티푸스, 파라티푸스, 세균성이질, 장출혈성대장균감염증 등이 있다.

★ 57

다음 중 일시적 제모 방법이 아닌 것은?

① 면도
② 족집게 사용
③ 왁싱
④ 레이저 제모

레이저 제모는 모낭을 파괴하여 반영구적 또는 영구적 제모 효과를 낸다. 나머지는 일시적 제모다.

★★ 58

고객의 피부 타입을 분석할 때 사용하는 기기가 아닌 것은?

① 우드 램프
② 유수분 측정기
③ 확대경
④ 고주파 기기

고주파 기기는 피부 관리(심부열 발생 등)에 사용하는 기기이며 분석 기기는 아니다.

★★★ 59

미용업소에서 수건을 세탁할 때 찌든 때를 빼고 살균 효과를 주기 위해 삶는 세탁법은?

① 드라이클리닝
② **자비 세탁**
③ 효소 세탁
④ 냉수 세탁

> 100℃ 물에 삶는 자비 세탁은 표백과 살균 효과가 뛰어나다.

★★★ 60

화장품 사용 후 뚜껑을 열어두면 안 되는 이유는?

① 향이 날아가기 때문에
② **미생물 오염 및 산화 변질을 막기 위해**
③ 색상이 변하기 때문에
④ 용기가 망가지기 때문에

> 공기 중의 먼지나 세균 혼입, 산소와의 접촉으로 인한 산화(변질)를 막기 위해 사용 후 반드시 마개를 닫아야 한다.

01

메이크업의 목적 중 '사회적 목적'에 해당하는 것은?

① 피부를 보호하기 위함이다.
② 자신의 신분, 직업, 계급 등을 나타내기 위함이다.
③ 이성을 유혹하기 위함이다.
④ 신에게 제사를 지내기 위함이다.

> 사회적 목적은 자신이 속한 사회 집단 내에서의 위치, 직업, 신분 등을 표시하는 기능을 말한다.

02

우리나라 고대 화장 문화 중 고조선 시대의 특징을 엿볼 수 있는 유물은?

① 청동 거울
② 빗
③ 귀걸이
④ 흙 인형

> 읍루인들이 돼지기름을 발라 피부를 보호하고 추위를 막았다는 기록과 청동 거울 등의 유물을 통해 당시의 화장 문화를 짐작할 수 있다.

03

조선 시대의 화장품 제조법과 여염집 여성들의 생활 지혜를 다룬 백과사전 형태의 책은?

① 동의보감
② 규합총서
③ 악학궤범
④ 삼국사기

> 빙허각 이씨가 쓴 규합총서에는 눈썹 그리는 법, 향 만드는 법, 피부 관리법 등 당시 여성들의 생활 지혜와 화장법이 기록되어 있다.

04

서양 메이크업 역사 중 1930년대의 특징으로, 가늘고 둥근 아치형 눈썹과 입술의 윤곽을 뚜렷하게 그린 여배우 그레타 가르보 스타일이 유행한 시기는?

① 1910년대
② 1930년대
③ 1960년대
④ 1980년대

> 1930년대는 영화 산업의 발달로 그레타 가르보, 마를렌 디트리히 등의 여배우 스타일이 유행했으며, 가늘고 긴 아치형 눈썹이 특징이다.

★★
05

다음 중 메이크업 브러시 사용 후 관리 방법으로 가장 올바른 것은?

① 사용 후 매번 물로 씻어 햇볕에 말린다.
② 티슈에 닦아 그대로 보관한다.
❸ 전용 세척제를 사용하여 세척하고 그늘에서 털이 아래로 향하게 하여 말린다.
④ 드라이기를 사용하여 뜨거운 바람으로 빠르게 말린다.

브러시는 전용 클렌저로 세척 후 물기를 제거하고 통풍이 잘되는 그늘에서 털이 아래로 향하거나 뉘어서 건조해야 변형을 막을 수 있다.

★★
06

파운데이션의 종류 중 커버력이 가장 약하지만 사용감이 가볍고 투명한 피부 표현에 적합한 것은?

❶ 리퀴드 파운데이션
② 크림 파운데이션
③ 스틱 파운데이션
④ 케이크 타입 파운데이션

리퀴드 파운데이션은 수분 함량이 많아 얇고 자연스럽게 발리지만 커버력은 다른 제형에 비해 약한 편이다.

★★
07

얼굴의 결점을 보완하기 위한 하이라이트 적용 부위로 적절하지 않은 것은?

① 푹 꺼진 이마
② 낮은 콧대
❸ 튀어나온 광대뼈
④ 무턱인 턱 끝

튀어나온 광대뼈에 하이라이트를 주면 더 도드라져 보이므로 쉐이딩을 주어 들어가 보이게 해야 한다.

★★
08

눈썹 수정 시 눈썹 숱이 많고 짙은 경우 부드럽게 보이게 하는 방법은?

① 눈썹 산을 높게 그린다.
❷ 갈색 섀도나 아이브로우 마스카라를 사용하여 톤을 밝게 한다.
③ 검은색 펜슬로 진하게 채운다.
④ 눈썹을 모두 밀고 다시 그린다.

숱이 많고 검은 눈썹은 인상이 강해 보일 수 있으므로 브라운 계열의 마스카라나 섀도로 색을 밝게 조절하면 부드러워 보인다.

★★
09

입술이 작은 경우 입술을 도톰하고 커 보이게 하는 립 메이크업 기법은?

① 입술 라인 안쪽으로 그린다.
② 어두운 색상의 립스틱을 매트하게 바른다.
❸ 입술 라인 바깥쪽으로 아웃커브를 그리고 펄감이 있는 밝은 색을 바른다.
④ 입술 중앙만 틴트로 물들인다.

입술을 확대해 보이려면 본래 라인보다 바깥으로 그리는 아웃커브 기법과 팽창색(밝은 색, 펄)을 사용한다.

★★
10

다음 중 옐로우 베이스를 기본으로 하는 웜톤의 이미지와 거리가 먼 것은?

① 귀여움
② 따뜻함
❸ 차가움
④ 활동적임

차가움, 도시적, 모던함 등은 쿨톤(블루 베이스)의 이미지이다.

★★★
11

색의 3원색인 빨강, 노랑, 파랑을 섞었을 때 나타나는 색은?

① 보라
② 검정(또는 짙은 회색)
③ 흰색
④ 주황

> 색료의 3원색(감산 혼합)을 모두 섞으면 검정에 가까운 짙은 회색이 된다.

★★
12

조명에 따른 메이크업 색상 변화에 대한 설명으로 옳은 것은?

① 백열등 아래서는 붉은색이 더욱 선명해 보인다.
② 형광등 아래서는 푸른색 기운이 돌아 창백해 보일 수 있다.
③ 촛불 아래서는 쿨톤 메이크업이 돋보인다.
④ 야외 자연광에서는 진한 화장이 자연스러워 보인다.

> 형광등은 푸른 빛을 띠어 얼굴을 창백하게 하고 잡티를 도드라지게 할 수 있다. 백열등이나 촛불은 붉은 기(난색)가 돌아 붉은색을 흡수하여 옅게 보이게 한다.

★★
13

웨딩드레스의 네크라인 형태에 따른 메이크업 조언으로 적절한 것은?

① 하이 네크라인 - 목이 짧아 보일 수 있으므로 쉐이딩으로 턱선을 강조한다.
② 깊게 파인 브이 네크라인 - 얼굴이 길어 보이므로 하이라이트를 길게 넣는다.
③ 오프 숄더 - 어깨와 쇄골 라인에 펄이나 하이라이트를 주어 강조한다.
④ 라운드 네크라인 - 얼굴이 둥글어 보이므로 블러셔를 둥글게 넣는다.

> 어깨가 드러나는 오프 숄더 드레스는 쇄골과 어깨 라인에 펄 파우더나 하이라이트를 주어 화사하고 입체적으로 표현한다.

★★★
14

다음 중 아이라이너의 종류와 특징이 잘못 연결된 것은?

① 펜슬 타입 - 그리기가 쉽고 자연스러우나 잘 번진다.
② 리퀴드 타입 - 선이 선명하고 지속력이 좋으나 수정이 어렵다.
③ 젤 타입 - 지속력이 좋고 농도 조절이 가능하나 브러시가 필요하다.
④ 케이크 타입 - 물 없이 사용하며 발색이 가장 진하다.

> 케이크 타입 아이라이너는 물을 묻힌 브러시를 사용하여 그리며, 농도 조절이 쉽고 자연스럽지만 물 없이 사용하지 않는다.

15

피부의 구조 중 진피와 표피를 연결하며 영양분을 공급하는 돌기가 있는 층은?

① 각질층
② **유두층**
③ 망상층
④ 피하조직

> 진피의 유두층은 표피의 기저층과 맞닿아 있으며 모세혈관이 풍부하여 표피에 영양을 공급한다.

★★★

16

피부 표면의 천연 피지막(산성막)이 하는 역할이 아닌 것은?

① 수분 증발 억제
② 세균 침입 방지
③ 피부의 pH 유지
④ **비타민 합성**

> 비타민 D 합성은 자외선을 받아 표피 내에서 이루어지는 작용이며, 피지막의 직접적인 역할은 보습, 보호, pH 조절이다.

★★★

17

멜라닌 색소의 종류 중 붉은색이나 노란색을 띠는 색소는?

① 유멜라닌
② **페오멜라닌**
③ 카로틴
④ 헤모글로빈

> 유멜라닌은 검은색, 갈색을 띠고, 페오멜라닌은 붉은색, 노란색을 띤다.

★★★

18

피부의 감각 수용기 중 압력(누르는 힘)을 감지하는 것은?

① 마이스너 소체
② **파치니 소체**
③ 루피니 소체
④ 크라우제 소체

> 파치니 소체는 피부 깊은 곳에서 압력을 감지한다. (마이스너-촉각, 루피니-온각, 크라우제-냉각)

★★

19

남성적이고 활동적인 느낌을 주는 반면 여성스러움과 부드러움이 부족한 얼굴형으로 옳은 것은?

① 긴형
② 둥근형
③ 다이아몬드형
④ **각진형**

> 턱이 발달되어 딱딱해 보이고 여성스러움과 부드러움이 부족한 얼굴형이다.

★★

20

피부 노화 현상 중 내인성 노화(자연 노화)의 특징은?

① 주름이 깊고 굵게 패인다.
② 가죽처럼 거칠고 두꺼워진다.
③ 각질층이 두꺼워진다.
④ **표피와 진피의 두께가 얇아진다.**

> 자연 노화는 세포 분열 감소로 피부 두께가 얇아지고 잔주름이 생긴다. 굵은 주름과 두꺼운 피부는 광노화(외인성) 특징이다.

★★★
21

원발진(1차 병변) 중 1cm 미만의 융기된 고형 병변을 무엇이라 하는가?

① 반점
② 구진
③ 결절
④ 종양

구진은 1cm 미만의 작게 솟아오른 병변을 말한다.

★★★
22

화장품의 원료 중 피부에 유분과 수분을 공급하여 부드럽게 하는 '유연제'에 해당하는 것은?

① 에탄올
② 스쿠알란
③ 멘톨
④ 카올린

스쿠알란, 밍크 오일, 식물성 오일 등은 피부를 부드럽게 하는 유연제(에몰리언트)이다.

★
23

다음 중 아하(AHA) 성분의 주된 기능은?

① 자외선 차단
② 각질 제거
③ 피지 흡착
④ 근육 이완

AHA(Alpha Hydroxy Acid)는 과일산의 일종으로 피부 표면의 각질을 녹여 제거하는 효과가 있다.

★★
24

화장품 제조 기술 중 미세한 입자로 만들어 피부 흡수율을 높이는 기술은?

① 유화 기술
② 나노 기술
③ 발효 기술
④ 분산 기술

나노 기술은 유효 성분의 입자를 초미립화하여 피부 깊숙이 침투시키는 기술이다.

★★
25

손톱의 성장에 영향을 미치는 요인이 아닌 것은?

① 영양 상태
② 계절
③ 나이
④ 머리카락 길이

손톱은 영양, 건강, 계절(여름에 빠름), 나이(어릴수록 빠름) 등의 영향을 받지만 머리카락 길이와는 무관하다.

★★
26

피부에 보호막을 형성하여 파운데이션 및 색조화장으로부터 피부를 보호하고 메이크업 지속 시간을 높여주는 것은 무엇인가?

① 프라이머
② 파운데이션
③ 파우더
④ 메이크업 베이스

피부에 보호막을 형성하여 파운데이션 및 색조 화장으로부터 피부를 보호하고 메이크업 지속시간을 높여주는 것은 메이크업 베이스이다.

★★★ 27

공중보건학의 수준을 평가하는 3대 지표에 포함되지 않는 것은?

① 영아 사망률
② 평균 수명
③ 비례 사망 지수(PMI)
④ 국민 소득

WHO가 제시한 3대 지표는 영아 사망률, 평균 수명, 비례 사망 지수이다.

★★★ 28

병원체가 체내에 침입했으나 임상 증상이 나타나지 않고 병원체를 배출하여 감염원이 되는 사람은?

① 환자
② 불현성 감염자(보균자)
③ 건강 격리자
④ 면역자

겉으로는 증상이 없으나 병원체를 보유하고 배출하는 사람을 불현성 감염자 또는 보균자라 한다.

★★★ 29

다음 중 수인성 감염병의 특징은?

① 환자 발생이 산발적이다.
② 계절과 관계없이 발생한다.
③ 환자 발생이 폭발적이다.
④ 치명률이 매우 높다.

오염된 물을 매개로 하므로 다수의 사람이 동시에 감염되어 폭발적으로 발생한다.

★★★ 30

감염병 예방을 위한 소독 방법 중 '저온 살균법'을 주로 사용하는 식품은?

① 쌀
② 우유
③ 생선
④ 채소

우유는 고온에서 영양소가 파괴될 수 있어 60~65℃에서 30분간 가열하는 저온 살균법을 사용한다.

★★★ 31

금속 부식성이 없어 미용 기구 소독에 적합한 소독제는?

① 승홍
② 역성비누
③ 차아염소산나트륨
④ 생석회

역성비누(벤잘코늄 염화물)는 세정력은 약하지만 살균력이 좋고 냄새와 자극이 적으며 금속 부식성이 없다.

★★★ 32

다음 중 법정 감염병 분류에서 제3급 감염병에 해당하는 것은?

① 파상풍
② 결핵
③ 콜레라
④ 페스트

파상풍, 일본뇌염, B형 간염, C형 간염 등은 제3급 감염병이다.

이·미용업소의 위생 관리 기준 중 부적합한 것은?

① 소독 기구와 자외선 살균기를 비치해야 한다.
② 1회용 컵을 사용하거나 컵을 소독하여 제공해야 한다.
③ 영업장 안에서는 라면 등 간단한 조리 판매가 가능하다.
④ 영업장 내부는 항상 청결해야 한다.

미용업소에서는 컵라면 등 냄새가 나는 음식물을 조리하여 판매하거나 제공하는 행위가 금지될 수 있다(다과류 제공은 가능하나 조리 판매업 신고 없이는 불가). 위생 관리 기준상 조리 시설을 갖추고 영업하는 것은 원칙적으로 별개이다. 가장 부적합한 것은 영업장 내에서의 무허가 조리 판매 행위이다.

34

미용사 면허증을 재교부받아야 하는 경우가 아닌 것은?

① 면허증을 잃어버린 경우
② 면허증이 헐어 못 쓰게 된 경우
③ 기재 사항에 변경이 있는 경우
④ 단순히 면허증 사진이 마음에 안 드는 경우

단순 변심은 재교부 사유가 아니다. 분실, 훼손, 기재 사항 변경 시 재교부 신청을 한다.

공중위생영업의 승계 신고는 사유가 발생한 날부터 며칠 이내에 해야 하는가?

① 10일
② 15일
③ 1개월
④ 2개월

영업자 지위 승계 신고는 1개월 이내에 해야 한다.

미용업 영업자가 영업 정지 처분을 받고도 영업을 계속할 때 시장·군수·구청장이 취할 수 있는 조치는?

① 해당 영업소 출입문 폐쇄
② 과태료 부과
③ 시정 명령
④ 경고

영업 정지 명령 위반 시 영업소 폐쇄 조치를 할 수 있으며, 간판 제거 및 출입문 봉인 등을 할 수 있다.

미용업소 내에 게시해야 할 게시물이 아닌 것은?

① 영업 신고증
② 미용사 면허증 원본
③ 최종 지불 요금표
④ 미용사 자격증 사본

게시 의무가 있는 것은 영업 신고증, 면허증 원본, 요금표이다. 자격증은 게시 의무가 없다.

다음 중 미용사의 위생 복장으로 가장 적절한 것은?

① 깨끗하게 세탁된 작업복(가운)
② 화려한 장식이 달린 사복
③ 소매가 길고 치렁치렁한 옷
④ 반바지와 슬리퍼

미용사는 위생적이고 단정한 작업복(가운)을 착용해야 한다.

습열 멸균법(고압 증기 멸균 등)이 건열 멸균법보다
살균 효과가 뛰어난 이유는?

① 온도가 더 높아서
② 수분이 열 전도를 돕고 단백질 응고를 촉진해서
③ 시간이 더 길어서
④ 화학 약품을 사용해서

> 습열은 수분을 포함하고 있어 침투력이 좋고 미생물의 단백질을
> 낮은 온도에서도 더 빨리 응고시키기 때문이다.

화장품의 보관 온도로 가장 적절한 것은?

① 영하 5도 이하
② 0~5도
③ 10~25도 (실온)
④ 40도 이상

> 화장품은 직사광선을 피하고 서늘한 실온(보통 10~25도 내외)
> 에 보관하는 것이 좋다.

다음 중 입술 화장 시 립 라이너를 사용하는 주된
목적은?

① 입술에 영양을 공급하기 위해
② 입술 윤곽을 수정하고 립스틱의 번짐을 막기 위해
③ 입술 색을 흐리게 하기 위해
④ 자외선을 차단하기 위해

> 립 라이너는 입술 선을 또렷하게 하거나 모양을 수정하고, 립스
> 틱이 라인 밖으로 번지는 것을 방지한다.

눈썹 숱이 적거나 듬성듬성한 경우 자연스럽게 메꾸
어 주는 제품은?

① 붓펜 아이라이너
② 케이크 타입 아이브로우(섀도)
③ 검은색 마스카라
④ 립 틴트

> 케이크 타입(파우더) 아이브로우는 빈 곳을 자연스럽게 채워주
> 는 데 효과적이다.

콜라겐과 엘라스틴이 주성분으로 이루어진 피부 조
직은?

① 피하조직
② 표피 하층
③ 진피조직
④ 표피 상층

> 콜라겐과 엘라스틴이 주성분으로 이루어진 피부 조직은 진피조
> 직이다.

고객에게 메이크업 서비스를 제공하기 전 가장 먼저
해야 할 일은?

① 요금 받기
② 메이크업 베이스 바르기
③ 손 소독 및 고객의 피부 상태 확인
④ 립스틱 색상 고르기

> 위생을 위해 손을 소독하고, 고객의 피부 타입과 상태, 알레르기
> 유무 등을 상담(확인)하는 것이 최우선이다.

★★★ 45

다음 중 빛의 성질을 이용하여 피부 상태를 분석하는 기기는?

① **우드 램프**
② 스티머
③ 갈바닉 기기
④ 진공 흡입기

우드 램프는 자외선 파장을 이용하여 피부의 색소 침착, 피지 상태 등을 색깔로 분석하는 기기이다.

★★ 46

서양 메이크업 역사 중 이집트에 해당하지 않는 것은?

① 고대 미용의 발상지이다.
② **무희나 악기를 다루는 계급의 여성이 화장술을 전수받아 발전하였다.**
③ 서양에서 최초로 화장을 시작하였다.
④ 헤나, 콜, 식물색소, 가발을 사용하였다.

'헷타리아'라고 불리는 무희나 악기를 다루는 계급의 여성이 '이집트'의 화장술을 전수받아 더욱 체계화하여 발전한 것은 그리스이다.

★ 47

기초 화장품 바르는 순서로 가장 일반적인 것은?

① 로션 - 스킨 - 크림 - 에센스
② **스킨 - 에센스 - 로션 - 크림**
③ 크림 - 로션 - 스킨 - 에센스
④ 에센스 - 크림 - 로션 - 스킨

제형이 묽은 것부터 되직한 순서로 바른다. 스킨(토너) → 에센스(세럼) → 로션(에멀전) → 크림 순이 일반적이다.

★★ 48

파우더의 주성분이 아닌 것은?

① 탈크
② 카올린
③ 전분
④ **알코올**

파우더는 탈크, 카올린, 전분, 산화아연 등이 주성분이다. 알코올은 화장수 등의 주성분이다.

★★ 49

메이크업 시 하이라이트를 줄 때 펄이 들어간 제품을 사용하면 좋은 점은?

① 잡티가 완벽하게 가려진다.
② 얼굴이 더 작아 보인다.
③ **입체감이 살아나고 피부가 화사해 보인다.**
④ 지속력이 떨어진다.

펄은 빛을 반사하여 해당 부위를 도드라지게 하고 윤기 있게 표현해 준다.

★ 50

다음 중 딥 클렌징의 종류가 아닌 것은?

① 효소 팩
② 스크럽
③ 아하(AHA)
④ **토너 정리**

토너 정리는 일반적인 피부 정돈 단계이며, 딥 클렌징(각질 제거 및 모공 청소)에는 효소, 스크럽, 고마쥐, AHA 등이 있다.

★★☆
51

얼굴형 수정 메이크업에서 턱이 뾰족한 역삼각형 얼굴의 쉐이딩 위치는?

① 양쪽 이마의 넓은 부분과 턱 끝
② 턱 양옆
③ 콧대
④ 눈 밑

> 역삼각형은 이마 양옆이 넓고 턱이 뾰족하므로, 넓은 이마 양쪽 끝과 뾰족한 턱 끝을 쉐이딩하여 균형을 맞춘다. (단, 턱 끝 쉐이딩은 턱을 짧아 보이게 하거나 덜 뾰족해 보이게 함).

★★☆
52

비타민 D 결핍 시 발생할 수 있는 질병은?

① 야맹증
② 구루병
③ 괴혈병
④ 빈혈

> 비타민 D는 칼슘 흡수를 도와 뼈를 튼튼하게 하므로, 결핍 시 구루병이나 골다공증이 생길 수 있다.

★★☆
53

다음 중 미생물의 생존에 가장 큰 영향을 미치는 환경 요인이 아닌 것은?

① 온도
② 습도(수분)
③ 영양분
④ 소음

> 미생물은 온도, 수분, 영양, pH, 산소 등이 생장에 필수적이며 소음과는 무관하다.

★★★
54

이 · 미용업소의 조명 설비 중 작업면의 조도는?

① 75룩스 이상
② 50룩스 이상
③ 30룩스 이상
④ 100룩스 이상

> 법적 기준은 75룩스 이상이다.

★★★
55

공중위생영업자의 위생교육 시간은?

① 매년 1시간
② 매년 2시간
③ 매년 3시간
④ 매년 4시간

> 위생교육은 매년 3시간이다.

★★★
56

피부의 pH 밸런스를 맞춰주는 화장품은?

① 클렌징 오일
② 화장수(토너)
③ 아이 크림
④ 립밤

> 세안 후 알칼리화된 피부를 약산성으로 되돌려주는 기능을 하는 것은 화장수이다.

57 ★★

서양 메이크업의 용어 중 틀린 것은?

① 메이크업(make-up)
② 마뀌아쥬(Maquillage)
③ **페이스 페인트(Face paint)**
④ 투알레트(Toillet)

> 페이스 페인트가 아닌 페인팅을 16세기 셰익스피어가 최초로 사용하였다.

58 ★★

메이크업 도구 중 '스파출라'의 용도는?

① 눈썹을 그릴 때
② **립스틱이나 크림 등을 덜어낼 때**
③ 파우더를 바를 때
④ 속눈썹을 붙일 때

> 스파출라는 화장품을 위생적으로 덜어낼 때 사용한다.

59 ★

다음 중 림프 순환 마사지의 효과는?

① 근육을 강화시킨다.
② **노폐물 배출과 부종 완화를 돕는다.**
③ 뼈를 교정한다.
④ 피부를 검게 태운다.

> 림프 마사지는 림프액의 흐름을 촉진하여 독소와 노폐물을 배출하고 부기를 빼는 데 효과적이다.

60 ★

메이크업 시술 후 고객에게 제공하는 서비스로 적절하지 않은 것은?

① 수정 메이크업 방법 조언
② 사용된 제품 정보 제공
③ 클렌징 방법 안내
④ **의료적 처방전 발급**

> 미용사는 의료인이 아니므로 처방전을 발급할 수 없다.

Chapter 08

제8회 CBT 기출복원문제

★★★ 01

메이크업의 역사 중 바로크 시대의 특징으로, 천연두 자국이나 피부 잡티를 가리기 위해 사용하기 시작하여 나중에는 장식용으로 발전한 것은?

① 코르셋
② **패치**
③ 가발
④ 부채

> 패치는 원래 천연두 자국 등 피부 결점을 가리기 위해 붙이기 시작했으나, 점차 하트나 별 모양 등 장식적인 애교점으로 발전했다.

★★★ 02

1920년대 유행했던 메이크업 스타일로, 흑백 무성 영화 배우 클라라 보가 유행시킨 입술 화장법은?

① **큐피트의 활 모양**
② 오버 립 스타일
③ 그라데이션 립
④ 누드 립

> 1920년대에는 입술 산을 뾰족하게 강조하고 입술 양옆은 얇게 그리는 큐피트의 활 모양 입술이 유행했다.

★★★ 03

한국의 화장 역사 중 백제 사람들의 화장 특징을 묘사한 옛 문헌의 기록은?

① **엷게 하되 요란하지 않다.**
② 짙고 화려하게 하여 강렬하다.
③ 눈썹을 굵게 그리고 연지를 바른다.
④ 분을 바르지 않고 맨얼굴을 중시한다.

> 일본 문헌에 따르면 백제인들은 시분무주(분은 바르되 연지는 바르지 않음)라 하여 엷고 은은한 화장을 즐겼다고 기록되어 있다.

★★★ 04

다음 중 먼셀의 색채계에서 명도가 가장 높은 색은?

① 빨강
② **노랑**
③ 파랑
④ 보라

> 유채색 중 노랑이 명도가 가장 높고, 보라가 명도가 가장 낮다.

★★ 05

색의 3속성에 대한 설명으로 틀린 것은?

① 색상은 색을 구별하는 성질이다.
② 명도는 색의 밝고 어두운 정도이다.
③ 채도는 색의 선명하고 탁한 정도이다.
④ **채도가 높을수록 탁한 색이 된다.**

> 채도가 높을수록 선명한 색(순색)이 되고, 채도가 낮을수록 탁한 색이 된다.

★★ 06

파운데이션의 제형 중 수분과 유분의 비율이 적절하여 커버력과 밀착력이 좋고, 가장 일반적으로 사용되는 형태는?

① 리퀴드 타입
② **크림 타입**
③ 스틱 타입
④ 케이크 타입

> 크림 타입 파운데이션은 적당한 커버력과 밀착력을 가지고 있어 가장 대중적으로 쓰이며, 건성 피부나 잡티 커버에 좋다.

★★ 07

눈썹 수정 시 눈과 눈썹 사이가 좁은 경우의 수정 방법은?

① **눈썹 아랫부분을 정리하여 눈썹과 눈 사이를 넓혀준다.**
② 눈썹 윗부분을 깎아 눈썹 위치를 내린다.
③ 눈썹을 두껍게 그린다.
④ 눈썹 산을 없애고 일자로 그린다.

> 눈과 눈썹 사이가 좁으면 답답해 보이므로, 눈썹 아랫부분의 털을 정리하여 간격을 넓혀주면 시원해 보인다.

★★ 08

얼굴형 수정 화장 중 사각형 얼굴의 쉐이딩 포인트는?

① 이마 중앙과 턱 중앙
② **양쪽 각진 턱뼈와 양쪽 이마 모서리**
③ 광대뼈 아래
④ 눈 밑과 콧대

> 사각형 얼굴은 각진 턱과 넓은 이마 양쪽 끝(모서리)을 쉐이딩하여 둥글고 부드럽게 만들어준다.

★★ 09

입술이 두껍고 큰 경우의 수정 방법으로 옳은 것은?

① **립 라인을 입술 안쪽으로 그린다.**
② 펄이 들어간 밝은 색 립스틱을 바른다.
③ 입술 전체에 립글로스를 바른다.
④ 입술 산을 둥글고 크게 그린다.

> 두꺼운 입술은 수축색(짙은 색, 매트한 질감)을 사용하고, 라인을 본래 입술보다 안쪽(인커브)으로 그려 축소해 보이게 한다.

★★ 10

코가 휘어 보이는 경우의 수정 메이크업 방법은?

① 휜 방향의 반대쪽 코 벽에 쉐이딩을 준다.
② **휜 방향의 코 벽에 쉐이딩을 주고, 반대쪽은 하이라이트를 주어 곧게 보이게 한다.**
③ 콧대 전체에 펄을 바른다.
④ 콧방울을 강조한다.

> 튀어나온 쪽(휜 쪽)은 쉐이딩으로 눌러주고, 들어간 쪽은 하이라이트로 살려주어 콧대가 곧게 보이도록 교정한다.

★ 11

다음 중 쿨톤 메이크업에 사용하기 적절하지 않은 색상은?

① 실버 펄
② 로즈 핑크
③ **오렌지 브라운**
④ 플럼(자두색)

> 오렌지 브라운은 대표적인 웜톤 색상이다. 쿨톤은 핑크, 퍼플, 그레이, 실버 등이 어울린다.

★★
12

조명에 대한 설명으로 연색성이란 무엇인가?

① 조명의 밝기
② **조명이 물체의 색감에 미치는 영향**
③ 조명의 수명
④ 조명의 열 발생률

> 연색성은 조명이 물체의 색을 얼마나 자연광에 가깝게 재현해 주는가를 나타내는 성질이다.

★★
13

웨딩 메이크업 중 본식 메이크업의 특징으로 가장 적절한 것은?

① 유행하는 트렌드를 과감하게 반영한다.
② 신부의 개성보다는 무조건 하얗게 표현한다.
③ **원거리 하객의 시선과 조명, 근거리 촬영을 모두 고려하여 화사하고 또렷하게 표현한다.**
④ 사진 촬영만을 위해 윤곽을 과장되게 표현한다.

> 본식 메이크업은 하객들이 직접 보는 상황과 사진 촬영을 모두 고려해야 하므로 너무 과장되지 않으면서도 이목구비가 또렷하고 화사하게 표현해야 한다.

★★
14

다음 중 아이섀도를 바를 때 사용하는 팁 브러시의 주된 용도는?

① 넓은 면을 펴 바를 때
② 경계를 자연스럽게 풀 때(블렌딩)
③ **포인트 컬러를 진하게 발색할 때**
④ 파우더를 털어낼 때

> 스펀지 팁은 가루 날림 없이 색상을 밀착시키고 진하게 발색할 때 유용하다.

★★★
15

피부 구조 중 표피와 진피의 경계부에 있는 물결 모양의 층으로 지문 형성에 관여하는 것은?

① **유두층**
② 망상층
③ 기저층
④ 각질층

> 진피의 유두층은 표피 쪽으로 돌출되어 있어 피부 표면에 지문과 같은 융기를 만든다.

★★★
16

다음 중 진피층에 있는 세포로, 상처 치유와 콜라겐 생성을 담당하는 세포는?

① 비만 세포
② 대식 세포
③ **섬유아세포**
④ 형질 세포

> 섬유아세포는 진피의 결합 조직 성분인 콜라겐, 엘라스틴 등을 생성하여 피부 재생에 핵심적인 역할을 한다.

★★
17

손톱의 성분이자 피부의 각질층을 구성하는 단백질의 종류는?

① **경단백질(케라틴)**
② 당단백질
③ 지단백질
④ 효소 단백질

> 손톱, 발톱, 모발, 피부 각질층은 단단한 경단백질인 케라틴으로 구성되어 있다.

★★★
18

피부의 기능 중 비타민 D 합성에 필요한 요소는?

① 적외선
② 가시광선
❸ **자외선**
④ 레이저

피부는 자외선(UVB)을 받으면 체내에서 비타민 D를 합성한다.

★★☆
19

다음 중 피지 분비량에 영향을 미치는 요인이 아닌 것은?

① 연령
② 계절(기온)
③ 남성 호르몬
❹ **혈액형**

피지 분비는 나이, 기온(여름에 증가), 호르몬, 식습관 등의 영향을 받지만 혈액형과는 무관하다.

★★☆
20

건성 피부의 관리 방법으로 가장 적절한 것은?

① 알코올 함량이 높은 토너를 사용한다.
② 잦은 사우나로 땀을 뺀다.
❸ **유분과 수분이 충분한 크림을 사용한다.**
④ 비누 세안을 자주 하여 뽀득하게 씻는다.

건성 피부는 유수분이 부족하므로 보습력이 뛰어난 영양 크림 등을 사용하여 보호막을 형성해 주어야 한다.

★★☆
21

여드름의 종류 중 좁쌀처럼 하얗게 오돌토돌 올라온 초기 단계의 여드름은?

❶ **화이트 헤드(폐쇄 면포)**
② 블랙 헤드(개방 면포)
③ 구진성 여드름
④ 결절성 여드름

모공 입구가 각질로 막혀 피지가 배출되지 못하고 갇혀 있는 상태를 화이트 헤드라고 한다.

★★☆
22

다음 중 세균에 의해 발생하는 피부 감염증은?

❶ **모낭염**
② 백선(무좀)
③ 단순 포진
④ 사마귀

모낭염은 모낭에 세균(주로 포도상구균)이 침투하여 발생하는 염증이다. 백선은 곰팡이, 포진과 사마귀는 바이러스다.

★★☆
23

화장품의 원료 중 피부에 색을 입히는 안료의 종류로, 물이나 오일에 녹지 않는 것은?

① 염료
❷ **안료**
③ 향료
④ 방부제

안료는 용매에 녹지 않고 분산되어 색을 나타내는 물질이다. 염료는 녹아서 착색된다.

☆☆
24

다음 중 자외선 차단 성분 중 화학적 차단제(흡수제)에 해당하는 것은?

① 티타늄디옥사이드
② 징크옥사이드
③ **옥시벤존**
④ 카올린

> 옥시벤존, 아보벤존 등은 자외선을 흡수하여 열로 변환시키는 화학적 차단제이다. 티타늄디옥사이드와 징크옥사이드는 물리적 차단제(산란제)이다.

☆
25

향수의 보관 및 사용 시 주의사항으로 틀린 것은?

① 서늘하고 그늘진 곳에 보관한다.
② **흔들어서 침전물이 생기게 사용한다.**
③ 흰 옷이나 실크에는 얼룩이 생길 수 있으므로 직접 뿌리지 않는다.
④ 개봉 후에는 가급적 빨리 사용한다.

> 향수는 흔들지 말고 안정된 상태로 보관 및 사용하는 것이 좋다.

☆
26

우리나라 메이크업 용어 중 틀린 것은?

① 담장 - 피부 손질 위주의 엷은 화장
② **성장 - 피부손질, 얼굴치장, 옷차림, 장신구 등을 수수하게 표현**
③ 농장 - 담장보다 짙은 화장
④ 응장 - 농장보다 더 또렷하게 표현, 혼례 등의 의례에 사용

> 성장은 남의 시선을 끌 만큼 화려하게 표현한 화장이다.

☆☆
27

공중보건학상 인구 구성의 3요소는?

① **성별, 연령, 인종**
② 성별, 연령, 직업
③ 성별, 연령, 거주지
④ 성별, 연령, 소득

> 인구 구성의 기본 요소는 성별, 연령, 그리고 산업(직업)별 구성 등이나, 가장 기초적인 인구 구조 분석 요소는 성별과 연령이다.

☆☆☆
28

질병 발생의 예방 대책 중 1차 예방에 해당하는 것은?

① **예방 접종 및 건강 증진**
② 조기 발견 및 조기 치료
③ 재활 치료
④ 사회 복귀 훈련

> 1차 예방은 질병이 발생하기 전에 건강을 증진하고 발병을 막는 단계(예방 접종 등)이다.

☆☆
29

다음 중 비말(침방울)을 통해 전파되는 감염병은?

① **인플루엔자(독감)**
② 일본뇌염
③ 파상풍
④ 식중독

> 인플루엔자, 결핵, 코로나19 등은 비말을 통해 호흡기로 전파된다.

30

식중독 예방의 3대 원칙이 아닌 것은?

① 청결(손 씻기)
② 익혀 먹기
③ 끓여 먹기
④ 냉동 보관하기

> 식중독 예방 3대 원칙은 손 씻기, 익혀 먹기, 끓여 먹기이다. 냉동 보관만으로는 균이 사멸되지 않을 수 있다.

31

다음 중 살균 작용 기전(원리)이 산화 작용인 소독제는?

① 과산화수소
② 알코올
③ 석탄산
④ 역성비누

> 과산화수소, 오존, 과망간산칼륨 등은 산화 작용을 통해 미생물을 파괴한다.

32

미용 업소에서 사용하는 빗, 가위 등의 소독에 가장 적합하고 간편한 방법은?

① 자외선 소독
② 에탄올 소독
③ 소각법
④ 화염 멸균

> 플라스틱 빗이나 가위 등은 70% 에탄올에 담그거나 닦아서 소독하는 것이 변형 없이 효과적이다.

33

법정 감염병 중 24시간 이내에 신고해야 하는 것은?

① 제1급 감염병
② 제2급 감염병
③ 제4급 감염병
④ 지정 감염병

> 제2급, 제3급 감염병은 24시간 이내 신고, 제1급은 즉시 신고이다.

34

다음 중 공중위생관리법상 미용업소의 위생 관리 의무자가 아닌 사람은?

① 영업주(대표자)
② 미용사 면허를 가진 종사자
③ 실습 나온 학생
④ 관리 책임자

> 법적으로 위생 관리 의무는 영업자(개설자)에게 있다. 종사자도 위생 교육 등을 받지만 법적 책임 주체는 영업자이다. 그러나 문제의 의도가 '위생 관리를 해야 하는 사람'이라면 종사자 전원이 해당되나, 법적 제재(과태료 등)의 대상이 되는 의무 주체를 묻는다면 영업자. 여기서는 보기 구성상 실습생은 정식 종사자가 아니므로 의무 주체에서 가장 거리가 멀다.

미용업 영업자가 받아야 할 위생 교육을 받을 수 없는 부득이한 사유가 있는 경우, 교육을 유예할 수 있는 기간은?

① 다음 해 교육 때까지
② 해당 사유가 없어진 후 1개월 이내
③ **영업 개시 후 6개월 이내**
④ 면제된다

천재지변, 질병, 사고 등 부득이한 사유가 있는 경우 해당 사유가 없어진 날부터 1~2개월 이내 등 시도지사가 정하는 바에 따르거나, 신규 영업자는 영업 신고 후 6개월 이내다. 보기 중 신규 영업자 기준으로는 6개월 이내가 정답이다.

★★★
36

공중위생감시원의 업무를 방해하거나 거부했을 때의 처벌은?

① 100만 원 이하 과태료
② **200만 원 이하 과태료**
③ 300만 원 이하 벌금
④ 영업 정지 1개월

출입 검사 등을 거부, 방해, 기피한 자는 200만 원 이하의 과태료에 처한다.

★★★
37

미용업소의 시설 및 설비 기준 중 소독 장비로 인정되지 않는 것은?

① 자외선 살균기
② 건열 멸균기
③ **스팀 타월기(온장고)**
④ 에탄올 용기 및 분무기

온장고는 보온 장비이지 소독 장비로 분류되지 않는다. 법적으로 소독을 위한 기구(자외선, 건열, 열탕, 화학 소독 용기 등)를 갖춰야 한다.

★★
38

미용사가 영업 중에 손님에게 알리지 않고 다른 미용사에게 시술을 맡기는 행위는?

① 허용된다.
② 손님의 동의가 없어도 된다.
③ **위법은 아니나 도의적으로 어긋난다.**
④ 행정 처분 대상이 될 수 있다.

미용사는 정당한 사유 없이 고객의 요청을 거부하거나 중도에 그만두어서는 안 되며, 담당을 바꿀 때는 양해를 구해야 한다. 법적 금지 조항까지는 아니더라도 고객 서비스 위반 사항으로 다뤄질 수 있다. 다만 문제의 핵심이 법적 제재를 묻는 것이라면 '대여'가 아닌 이상 처벌 규정은 없으나 직업 윤리상 틀린 것이다. (국가자격시험에서는 주로 법적 제재가 명시된 것을 묻는데, 이 문제는 직업 윤리 관련 문제일 가능성이 높음)

★★★
39

다음 중 미용업소 내에 반드시 구비해야 하는 구급약품이 아닌 것은?

① 소독약(과산화수소 등)
② 밴드
③ 거즈
④ **수면제**

응급 처치용 외상 약품은 필요하나 수면제와 같은 전문 의약품은 비치하거나 제공해서는 안 된다.

★★★
40

공중위생관리법 위반 사실을 알게 된 경우 누구든지 그 사실을 신고할 수 있는 기관은?

① **시장, 군수, 구청장**
② 법원
③ 국회
④ 세무서

위반 사항 신고는 관할 관청인 시장, 군수, 구청장에게 한다.

✦ 41

다음 중 매니큐어 시술 시 손톱의 유분과 수분을 제거하여 컬러의 지속력을 높여주는 제품은?

① 베이스 코트
② 프라이머 또는 프리퍼레이션
③ 탑 코트
④ 큐티클 오일

> 젤 네일이나 인조 네일 시술 전 유수분을 제거하는 것을 프라이머라고 하며, 일반 매니큐어 전에는 리무버로 닦아내거나 전처리제를 쓴다.

✦✦ 42

메이크업 도구 중 '아이래시 컬러(뷰러)'의 고무 패킹을 주기적으로 교체해야 하는 이유는?

① 색상이 변해서
② 고무가 갈라지면 속눈썹이 끊어지거나 뽑힐 수 있어서
③ 유행이 지나서
④ 눈병을 유발해서

> 고무가 닳거나 갈라지면 속눈썹이 집혀서 손상되거나 잘릴 위험이 있다.

✦✦ 43

다음 중 눈썹 모양을 수정할 때 가장 나중에 해야 하는 작업은?

① 눈썹 빗으로 빗어주기
② 족집게로 잔털 뽑기
③ 눈썹 칼로 다듬기
④ 긴 눈썹 가위로 자르기

> 보통 빗질 → 가위 커트 → 칼이나 족집게 정리 순으로 하거나, 큰 형태를 잡고 잔털을 정리한다. 마무리 단계에서 진정 로션을 바른다. (작업 순서는 시술자마다 다를 수 있으나, 시험에서는 빗질 – 커트 – 뽑기 – 진정 순이 일반적임). 가장 마지막은 소독 및 진정이다. 보기 중에서는 잔털을 뽑는 작업이 자극이 있으므로 형태를 잡은 뒤 세밀하게 수정할 때 한다.

✦ 44

파운데이션의 기능이 아닌 것은?

① 피부 톤 보정
② 잡티 커버
③ 외부 환경으로부터 피부 보호
④ 눈썹 발모 촉진

> 발모 촉진 기능은 없다.

✦✦ 45

다음 중 입술 화장을 지울 때 사용하는 전용 리무버는?

① 클렌징 폼
② 립 앤 아이 리무버
③ 클렌징 크림
④ 비누

> 입술과 눈가 피부는 얇고 예민하며 색조가 진하므로 전용 리무버(립 앤 아이 리무버)를 사용한다.

★★ 46

얼굴형에 따른 치크(볼터치) 수정법 중 얼굴이 넓어 보이지 않게 하기 위해 광대뼈에서 입술 쪽으로 사선으로 바르는 얼굴형은?

① 둥근 얼굴형
② 긴 얼굴형
③ 역삼각형 얼굴형
④ 계란형 얼굴형

> 둥근 얼굴형은 얼굴을 갸름하게 보이기 위해 사선 방향으로 치크를 바른다.

★★★ 47

다음 중 화학적 소독제 사용 시 주의사항으로 틀린 것은?

① 용기에 약품명과 농도를 표시한다.
② 밀봉하여 서늘한 곳에 보관한다.
③ **희석할 때는 약품에 물을 붓는다.**
④ 장갑과 마스크를 착용한다.

> 희석할 때는 물에 약품을 조금씩 부어야 튀는 것을 방지할 수 있다(특히 강산이나 강알칼리의 경우).

★ 48

원시시대 인간은 옷을 입기 전에 나체 상태에서 피부에 그림을 그려 넣거나 조각, 문신, 회화를 새겼는데, 이것을 화장의 시초로 보는 학설로 옳은 것은?

① 장식설
② 미화설
③ 보호설
④ 신분표시설

> 장식설은 인류 최초의 화장의 목적은 장식이라는 학설이 지배적이고 원시시대 인간은 옷을 입기 전에 나체 상태에서 피부에 그림을 그려 넣거나 조각, 문신, 회화를 새겼는데, 이것을 화장의 시초로 보는 학설이다.

★★★ 49

미용업 영업자가 사망한 경우 상속인이 그 지위를 승계했을 때 신고 기간은?

① 1개월 이내
② 2개월 이내
③ 3개월 이내
④ 6개월 이내

> 상속으로 인한 지위 승계 신고는 1개월 이내에 해야 한다.

★★★ 50

다음 중 화장품 성분에서 알레르기를 유발할 가능성이 가장 높은 것은?

① 정제수
② **천연 향료 및 합성 향료**
③ 글리세린
④ 히알루론산

> 향료와 방부제는 화장품 성분 중 알레르기나 피부 자극을 유발하는 주된 원인이다.

★★ 51

눈썹 뼈가 튀어나온 형의 눈썹 수정 방법은?

① 눈썹을 가늘게 그린다.
② 눈썹 산을 각지게 강조한다.
③ 튀어나온 뼈 부분에 하이라이트를 준다.
④ 눈썹 산을 둥글게 그리고 섀도로 부드럽게 표현한다.

> 뼈가 튀어나와 인상이 강해 보이므로 각진 형태보다는 둥글고 부드러운 아치형이 좋으며, 섀도로 자연스럽게 채워준다.

★★ 52

다음 중 30대 이후 피부 노화 관리의 핵심은?

① 피지 제거
② 수분 및 영양 공급, 주름 관리
③ 태닝
④ 알코올 소독

> 30대 이후는 유수분이 감소하고 탄력이 떨어지므로 보습과 영양 공급, 항노화 관리가 중요하다.

★ 53

손톱 밑에 가시가 박혔을 때의 응급 처치로 옳은 것은?

① 입으로 빨아낸다.
② 소독된 족집게로 제거하고 소독한다.
③ 그대로 둔다.
④ 된장을 바른다.

> 2차 감염을 막기 위해 소독된 기구로 제거하고 환부를 소독해야 한다.

★★ 54

미용사가 갖추어야 할 직업적 태도로 거리가 먼 것은?

① 고객의 비밀 유지
② 위생 관리 철저
③ 최신 기술 습득 노력
④ 고객의 사생활에 대한 지나친 개입

> 고객의 사생활을 존중하고 비밀을 유지해야 하며 지나친 개입은 삼가야 한다.

★★ 55

다음 중 두피의 상태에 따른 샴푸 선택으로 옳은 것은?

① 지성 두피 - 세정력이 강한 샴푸
② 건성 두피 - 알코올 함량이 높은 샴푸
③ 비듬 두피 - 오일 샴푸
④ 민감성 두피 - 스크럽 샴푸

> 지성 두피는 피지를 효과적으로 제거할 수 있는 세정력이 좋은 지성 전용 샴푸를 사용한다.

★ 56

다음 중 마스크 팩 사용 시 효과를 높이기 위한 방법은?

① 팩을 하기 전 각질을 제거한다.
② 팩이 완전히 바짝 마를 때까지 1시간 이상 둔다.
③ 세안을 하지 않고 바로 붙인다.
④ 팩 위에 뜨거운 바람을 쐬어준다.

> 각질을 제거하고 피부 결을 정돈한 후 팩을 하면 유효 성분의 흡수가 더 잘 된다. 너무 오래 붙이면 오히려 수분을 뺏길 수 있다.

★★★ 57

미용업소에서 사용하는 가운이 갖추어야 할 조건이 아닌 것은?

① 세탁이 용이할 것
② 통기성이 좋을 것
③ 작업에 방해가 되지 않는 디자인일 것
④ 반드시 검은색일 것

색상은 규정이 없으나 오염을 쉽게 확인할 수 있는 밝은 색이 위생상 권장된다. 반드시 검은색일 필요는 없다.

★ 59

메이크업 시 브러시를 뉘어서 사용하는 기법(패팅)의 효과는?

① 선을 날카롭게 표현한다.
② 가루 날림을 줄이고 밀착력을 높인다.
③ 색을 연하게 한다.
④ 경계를 뚜렷하게 한다.

브러시를 뉘어서 꾹꾹 눌러주듯 바르면(패팅) 펄이나 가루가 날리지 않고 피부에 잘 밀착된다.

★★★ 58

다음 중 손톱의 주성분인 케라틴 생성을 돕는 영양소는?

① 단백질
② 지방
③ 탄수화물
④ 당분

손톱은 단백질로 이루어져 있으므로 양질의 단백질 섭취가 중요하다.

★★★ 60

다음 중 미용업의 건전한 발전을 위해 위생 교육을 실시하는 단체는?

① 노동조합
② 보건복지부 장관이 허가한 단체(미용사회 등)
③ 경찰청
④ 교육청

공중위생관리법상 위생 교육은 보건복지부 장관이 허가한 단체(예 대한미용사회)나 전문 기관에 위탁하여 실시한다.

03

파이널 CBT
실전모의고사

Chapter 01

파이널 CBT 실전모의고사 1회

자격종목	시험시간	문항수	점수
미용사(메이크업) 필기	60분	60문항	

답안표기란	
01	① ② ③ ④
02	① ② ③ ④
03	① ② ③ ④
04	① ② ③ ④
05	① ② ③ ④

01 먼셀의 색상환에서 귤색과 노랑 사이에 위치하며 따뜻하고 명랑한 느낌을 주는 색은?

① 연두
② 노랑 주황
③ 다홍
④ 청록

02 우리나라 개항 이후 화장 문화의 변화로 옳은 것은?

① 박가분이라는 관허 화장품이 처음으로 등장했다.
② 화장품이 사치품으로 여겨져 금지되었다.
③ 남성들 사이에서 진한 색조 화장이 유행했다.
④ 머리에 가체를 트는 풍습이 다시 유행했다.

03 서양 메이크업 역사 중 18세기에 유행했던 로코코 스타일의 특징은?

① 자연 그대로의 건강한 피부색을 강조했다.
② 창백할 정도로 흰 피부와 붉은 볼, 애교점(패치)이 유행했다.
③ 검은색 립스틱을 발랐다.
④ 눈썹을 굵고 진하게 그렸다.

04 메이크업의 착시 효과 중 명도 대비에 대한 설명으로 옳은 것은?

① 같은 회색이라도 검은 배경 위의 회색이 더 밝아 보인다.
② 같은 회색이라도 흰 배경 위의 회색이 더 밝아 보인다.
③ 배경색과 관계없이 동일하게 보인다.
④ 채도가 높은 배경 위의 색이 더 선명해 보인다.

05 다음 중 파운데이션을 바르기 전에 사용하여 피부 톤을 정리하고 피부 표면을 매끄럽게 해주는 제품은?

① 컨실러
② 프라이머
③ 쉐이딩 파우더
④ 립밤

06 얼굴형 수정 메이크업에서 콧대가 짧고 낮은 경우의 하이라이트 기법은?

① 콧방울 양옆에 쉐이딩을 넣는다.
② 콧대 시작점부터 코끝까지 길게 하이라이트를 준다.
③ 미간을 어둡게 쉐이딩한다.
④ 코끝을 어둡게 쉐이딩한다.

07 눈썹 수정 도구 중 눈썹의 길이를 고르게 자를 때 사용하는 것은?

① 눈썹 칼
② 트위저
③ 눈썹 가위
④ 아이래시 컬러

08 입술이 얇고 작은 경우 도톰해 보이게 하는 색상과 질감은?

① 어두운 버건디 색의 매트 립스틱
② 밝은 핑크나 코랄 색의 글로시한 립스틱
③ 보라색 계열의 틴트
④ 무광의 갈색 립스틱

09 다음 중 웜톤 피부에 해당하지 않는 특징은?

① 햇볕에 타면 검게 잘 탄다.
② 피부에 노란 기가 돈다.
③ 실버 액세서리보다 골드 액세서리가 잘 어울린다.
④ 피치나 오렌지 계열의 블러셔가 잘 어울린다.

10 눈매 교정 메이크업에서 눈꼬리가 처진 눈을 수정하는 방법은?

① 아이라인의 눈꼬리를 수평보다 살짝 올려 그린다.
② 언더라인 전체를 진하게 그린다.
③ 눈두덩 전체에 어두운 섀도를 바른다.
④ 눈썹을 처지게 그린다.

11 색의 혼합 중 병치 혼합의 예시로 적절한 것은?

① 물감 섞기
② 조명 겹치기
③ 점묘화
④ 셀로판지 겹치기

12 다음 중 한국인의 일반적인 피부색을 결정하는 주된 색소는?

① 카로틴
② 헤모글로빈
③ 멜라닌
④ 담즙 색소

13 피부의 구조 중 진피의 90% 이상을 차지하며 피부의 탄력과 주름에 관여하는 층은?

① 유두층
② 망상층
③ 투명층
④ 기저층

★★★
14 다음 중 피부의 면역 기능을 담당하는 표피 내의 세포는?

① 머켈 세포
② 랑게르한스 세포
③ 각질 형성 세포
④ 색소 형성 세포

★★
15 피부 유형 중 수분이 부족하여 각질이 잘 일어나고 세안 후 당김이 심한 피부는?

① 건성 피부
② 지성 피부
③ 여드름 피부
④ 모세혈관 확장 피부

★★★
16 모발의 성장 주기에 대한 설명으로 틀린 것은?

① 성장기 - 모발이 계속 자라나는 시기
② 퇴화기 - 모낭이 수축하고 세포 분열이 멈추는 시기
③ 휴지기 - 모발이 완전히 탈락하고 새로운 모발 생성을 준비하는 시기
④ 발생기 - 모발이 가장 굵고 튼튼한 시기

★★
17 다음 중 바이러스에 의한 피부 질환은?

① 무좀
② 농가진
③ 사마귀
④ 알레르기 피부염

★★★
18 손톱의 성장에서 가장 중요한 역할을 하며 손상 시 손톱이 자라지 않거나 기형이 될 수 있는 부위는?

① 조모(매트릭스)
② 조상(네일 베드)
③ 조소피(큐티클)
④ 자유연(프리 엣지)

★★★
19 화장품의 원료 중 피부에 얇은 막을 형성하여 수분 증발을 막아주는 오일 성분이 아닌 것은?

① 호호바 오일
② 스쿠알란
③ 바세린
④ 알코올

★★
20 다음 중 아하(AHA)의 종류가 아닌 것은?

① 글리콜산
② 젖산
③ 살리실산
④ 사과산

★★★
21 화장품법상 기능성 화장품으로 인정받지 못하는 효능은?

① 피부 미백
② 주름 개선
③ 자외선 차단
④ 아토피 치료

답안표기란	
14	① ② ③ ④
15	① ② ③ ④
16	① ② ③ ④
17	① ② ③ ④
18	① ② ③ ④
19	① ② ③ ④
20	① ② ③ ④
21	① ② ③ ④

***
22 다음 중 계면활성제의 친수성기와 친유성기의 균형을 나타내는 지수는?

① SPF
② pH
③ HLB
④ PA

**

23 향수 사용법으로 올바르지 않은 것은?

① 맥박이 뛰는 곳에 뿌린다.
② 땀이 많이 나는 곳에 뿌려 땀 냄새를 없앤다.
③ 하반신 쪽에 뿌려 향이 위로 올라오게 한다.
④ 옷의 안감이나 소품에 뿌린다.

**

24 매니큐어 시술 시 컬러를 바르기 전에 손톱 표면을 매끄럽게 정리하고 착색을 방지하기 위해 바르는 것은?

① 베이스 코트
② 탑 코트
③ 큐티클 오일
④ 리무버

***
25 다음 중 공중보건학의 대상은?

① 개인
② 가족
③ 지역 사회 전체 주민
④ 특정 환자

***
26 수인성 감염병의 예방 대책으로 가장 효과적인 것은?

① 마스크 착용
② 방충망 설치
③ 상수도 관리 및 식수 끓여 먹기
④ 성 교육

***
27 다음 중 제2급 감염병에 해당하는 것은?

① 페스트
② 결핵
③ 파상풍
④ 말라리아

***
28 인공 수동 면역에 해당하는 제제는?

① 생백신
② 사백신
③ 순화 독소
④ 항독소(면역 혈청)

**

29 다음 중 일광 소독의 주된 살균 작용을 하는 광선은?

① 적외선
② 가시광선
③ 자외선
④ 방사선

**

30 금속 기구를 녹슬지 않게 하면서 소독할 수 있는 소독제는?

① 승홍수
② 과산화수소
③ 역성비누
④ 염소계 표백제

***
31 소독제의 구비 조건으로 틀린 것은?

① 살균력이 강할 것
② 용해도가 높을 것
③ 표백성이 강할 것
④ 사용법이 간편할 것

답안표기란	
22	① ② ③ ④
23	① ② ③ ④
24	① ② ③ ④
25	① ② ③ ④
26	① ② ③ ④
27	① ② ③ ④
28	① ② ③ ④
29	① ② ③ ④
30	① ② ③ ④
31	① ② ③ ④

32 다음 중 고압 증기 멸균기의 적정 온도와 시간은?

① 100도, 10분
② 121도, 20분
③ 150도, 30분
④ 60도, 30분

33 공중위생관리법상 미용업 영업 신고를 하지 않고 영업했을 때의 벌칙은?

① 1년 이하 징역 또는 1천만 원 이하 벌금
② 300만 원 이하 과태료
③ 영업 정지 1개월
④ 경고

34 미용업소에서 손님 1인에게 사용 후 반드시 폐기해야 하는 것은?

① 가위
② 빗
③ 1회용 면도날
④ 수건

35 공중위생영업자가 변경 신고를 해야 하는 사항 중 '중요한 사항'에 해당하지 않는 것은?

① 영업소의 명칭
② 영업소의 소재지
③ 신고한 영업장 면적의 3분의 1 이상의 증감
④ 실내 인테리어 색상 변경

36 화장품 보관 방법으로 올바르지 않은 것은?

① 직사광선이 닿지 않는 서늘한 곳에 보관한다.
② 사용 후에는 반드시 뚜껑을 닫는다.
③ 습기가 많은 욕실에 보관하는 것이 좋다.
④ 유아의 손이 닿지 않는 곳에 둔다.

37 미용업소의 위생 등급 평가 시 '일반 관리 대상' 업소에 부여하는 등급과 색상은?

① 최우수 - 녹색
② 우수 - 황색
③ 일반 - 백색
④ 불량 - 적색

38 크레졸 비누액의 일반적인 소독 농도는?

① 1%
② 3%
③ 10%
④ 50%

39 색깔별 파장 범위로 옳지 않은 것은?

① 보라 380~450nm
② 노랑 495~570nm
③ 파랑 450~495nm
④ 빨강 620~780nm

답안표기란				
32	①	②	③	④
33	①	②	③	④
34	①	②	③	④
35	①	②	③	④
36	①	②	③	④
37	①	②	③	④
38	①	②	③	④
39	①	②	③	④

★★★
40 다음 중 미용사의 업무 범위에 해당하지 않는 행위는?

① 머리카락 염색
② 머리카락 커트
③ 문신 시술
④ 메이크업

★★
41 다음 중 알코올 소독 시 가장 살균력이 좋은 농도는?

① 30%
② 50%
③ 70~75%
④ 100%

★★
42 다음 중 가위나 빗을 소독하는 방법으로 가장 적절한 것은?

① 끓는 물에 10초간 담근다.
② 70% 알코올 솜으로 닦거나 담가 둔다.
③ 햇볕에 1시간 말린다.
④ 물티슈로 닦는다.

★★
43 메이크업 베이스 색상 중 혈색이 없고 창백한 피부에 생기를 주기 위해 사용하는 색은?

① 그린
② 핑크
③ 블루
④ 옐로우

★★
44 파우더의 기능으로 옳은 것은?

① 피부에 윤기를 부여한다.
② 유분을 흡수하여 화장을 고정시킨다.
③ 잡티를 완벽하게 커버한다.
④ 피부에 수분을 공급한다.

★★
45 다음 중 립스틱의 주성분이 아닌 것은?

① 왁스
② 오일
③ 안료
④ 계면활성제(세정용)

★★
46 브러시를 세척할 때 사용하는 용제로 가장 적절한 것은?

① 아세톤
② 알코올 원액
③ 브러시 전용 클렌저 또는 중성세제
④ 락스

★
47 다음 중 딥 클렌징의 효과가 아닌 것은?

① 묵은 각질 제거
② 모공 속 노폐물 제거
③ 화장품 흡수율 저하
④ 피부 톤 개선

★★
48 얼굴형 수정 시 이마가 넓고 턱이 좁은 역삼각형 얼굴의 쉐이딩 부위는?

① 턱 양옆
② 턱 끝
③ 이마 양옆
④ 콧대

답안표기란				
40	①	②	③	④
41	①	②	③	④
42	①	②	③	④
43	①	②	③	④
44	①	②	③	④
45	①	②	③	④
46	①	②	③	④
47	①	②	③	④
48	①	②	③	④

49 다음 중 워터프루프(내수성) 마스카라를 지울 때 사용하는 것은?

① 비누
② 립 앤 아이 리무버
③ 클렌징 워터
④ 물

50 눈썹을 그릴 때 가장 이상적인 눈썹산의 위치는?

① 눈썹 전체 길이의 1/2 지점
② 눈썹 전체 길이의 2/3 지점
③ 눈썹 꼬리 끝점
④ 눈썹 앞머리

51 다음 중 손톱을 구성하는 주성분 케라틴은 어떤 영양소인가?

① 탄수화물
② 단백질
③ 지방
④ 무기질

52 국산 화장품 생산이 본격화되고 색채 화장법이 시작된 시기는 언제인가?

① 1940년대
② 1960년대
③ 1970년대
④ 1990년대

53 속눈썹 연장 시술 시 글루가 피부에 묻었을 때 대처법은?

① 손으로 뜯어낸다.
② 전용 리무버로 닦아낸다.
③ 뜨거운 물을 붓는다.
④ 알코올로 문지른다.

54 다음 중 미용업소의 실내 환기 기준으로 이산화탄소(CO_2) 허용 농도는?

① 0.1% (1000ppm) 이하
② 0.5% 이하
③ 1% 이하
④ 5% 이하

55 미용사의 손에 상처가 났을 때의 조치로 옳은 것은?

① 밴드를 붙이고 시술한다. (장갑 착용 권장)
② 상처를 그대로 두고 시술한다.
③ 손님에게 양해를 구하고 시술을 중단하거나 장갑을 낀다.
④ 된장을 바른다.

56 피부 분석 시 유분 함량이 적어 건조하고 각질이 들뜨는 피부는?

① 지성 피부
② 건성 피부
③ 복합성 피부
④ 중성 피부

57 다음 중 자외선 차단제의 차단 효과를 나타내는 지표가 아닌 것은?

① SPF
② PA
③ pH
④ PPD

★★ 58 립스틱을 바를 때 브러시를 사용하는 이유로 옳은 것은?

① 양 조절과 섬세한 라인 표현이 가능하다.
② 발색이 흐려진다.
③ 지속력이 떨어진다.
④ 위생적이지 않다.

★★★ 59 다음 중 미용업소의 폐기물 처리 방법으로 옳은 것은?

① 머리카락은 일반 쓰레기와 함께 버린다.
② 1회용 면도날은 뚜껑이 있는 전용 용기에 모아 안전하게 폐기한다.
③ 염색약 통은 씻어서 재활용하지 않고 태운다.
④ 사용한 솜은 바닥에 버린다.

★★★ 60 메이크업 시술 자세로 올바르지 않은 것은?

① 고객과 시술자의 높이를 적절히 맞춘다.
② 시술자는 허리를 곧게 편다.
③ 고객의 얼굴에 시술자의 숨이 닿지 않도록 마스크를 착용한다.
④ 시술자가 고객의 얼굴에 최대한 가까이 붙어서 시술한다.

답안표기란				
58	①	②	③	④
59	①	②	③	④
60	①	②	③	④

Chapter 02

파이널 CBT 실전모의고사 2회

자격종목	시험시간	문항수	점수
미용사(메이크업) 필기	60분	60문항	

답안표기란

01	①	②	③	④
02	①	②	③	④
03	①	②	③	④
04	①	②	③	④
05	①	②	③	④
06	①	②	③	④

01 메이크업의 어원 중 프랑스어로 분장을 의미하는 연극 용어에서 유래된 것은?

① 마키아주
② 페인팅
③ 코스메틱
④ 토일렛

02 우리나라 고려 시대의 화장 문화 특징으로 옳은 것은?

① 면약, 면지 등 피부 보호제가 사용되었다.
② 백분 사용을 금지했다.
③ 기생은 화장을 하지 않았다.
④ 남성들만 화장을 즐겼다.

03 1970년대 메이크업 트렌드로, 자연으로의 회귀를 주장하며 자유분방함을 추구했던 스타일은?

① 히피 스타일
② 펑크 스타일
③ 로맨틱 스타일
④ 모던 스타일

04 다음 중 20세기 초반(1910~1920년대) 러시아 발레단의 내한 공연 등의 영향으로 유행한 동양풍의 메이크업 스타일은?

① 오리엔탈 룩
② 핀업 걸 룩
③ 사이버 룩
④ 그런지 룩

05 피부색을 결정하는 요인이 아닌 것은?

① 멜라닌의 양
② 혈액의 산소량
③ 각질층의 두께
④ 피지 분비량

06 파운데이션을 바를 때 브러시를 눕혀서 두드리듯 바르는 패팅 기법의 장점은?

① 결이 남지 않고 밀착력이 높아진다.
② 얇고 투명하게 발린다.
③ 솜털 사이사이에 잘 스며든다.
④ 윤기가 사라지고 매트해진다.

07 얼굴형 수정 화장 중 긴 얼굴형을 커버하기 위해 하이라이트를 주어야 할 부위는?

① 이마 중앙과 턱 끝
② 양쪽 볼(광대뼈 부근)의 가로 방향
③ 콧대 전체
④ 눈 밑 세로 방향

08 눈썹 수정 시 눈썹 꼬리가 눈썹 머리보다 낮게 처져 있을 때 주는 인상은?

① 날카롭고 예민해 보인다.
② 우울하거나 나이 들어 보인다.
③ 젊고 생기 있어 보인다.
④ 강인하고 남성적으로 보인다.

09 입술 산의 위치가 중앙으로 몰려 뾰족한 입술을 수정하는 방법은?

① 입술 산의 간격을 넓혀서 완만하게 그린다.
② 입술 산을 더 높게 그린다.
③ 아랫입술을 두껍게 그린다.
④ 입술 전체를 작게 그린다.

10 다음 중 옐로우 베이스의 파운데이션을 사용했을 때 가장 효과적인 피부 톤은?

① 창백하고 혈색 없는 피부
② 붉은 기가 많은 홍조 피부
③ 검고 칙칙한 피부
④ 노란 기가 심한 피부

11 색의 3속성 중 채도에 대한 설명으로 옳은 것은?

① 색의 밝고 어두운 정도이다.
② 색의 맑고 탁한 정도(순도)이다.
③ 색의 따뜻하고 차가운 느낌이다.
④ 빛의 파장에 따라 구별되는 색의 종류이다.

12 흰색, 회색, 검정과 같이 색상과 채도가 없는 색을 무엇이라 하는가?

① 유채색
② 무채색
③ 순색
④ 청색

13 무대 분장이나 영상 메이크업에서 입체감을 극대화하기 위해 사용하는 명암 표현 기법은?

① 그라데이션
② 콘트라스트
③ 텍스처
④ 하모니

14 다음 중 파우더의 성분으로 탈크 대신 사용되며 피지 흡수력이 뛰어난 천연 성분은?

① 옥수수 전분
② 바세린
③ 미네랄 오일
④ 실리콘

15 피부의 진피층 내에 존재하며 수분을 다량 함유하여 피부의 수분 보유력을 높여주는 물질은?

① 히알루론산
② 케라틴
③ 멜라닌
④ 리놀산

16 표피의 각질 형성 세포가 기저층에서 만들어져 각질층까지 올라와 탈락하는 과정을 무엇이라 하는가?

① 턴오버(각화 주기)
② 멜라닌 형성
③ 림프 순환
④ 세포 호흡

17 다음 중 피부의 감각 기관이 가장 밀집되어 있어 예민한 부위는?

① 등
② 손끝(지문 부위)
③ 허벅지
④ 발뒤꿈치

18 피부 노화의 원인 중 활성 산소에 의한 산화 작용을 막기 위해 필요한 성분은?

① 항산화제
② 자외선 흡수제
③ 계면활성제
④ 각질 제거제

19 여드름 관리 후 붉은 자국이나 색소 침착이 남았을 때 효과적인 관리 성분은?

① 비타민 C
② 알코올
③ 오일
④ 왁스

20 다음 중 알레르기 접촉 피부염의 특징은?

① 특정 물질에 닿았을 때 면역 반응으로 발생한다.
② 누구에게나 똑같이 발생한다.
③ 세균 감염이 주원인이다.
④ 전염성이 있다.

21 립스틱 위에 발라서 립스틱의 지속력을 증대시켜주는 역할을 하는 것으로 옳은 것은?

① 립글로스
② 립밤
③ 립라이너
④ 립코트

22 화장품 원료 중 '수렴제'의 주된 역할은?

① 모공 수축 및 피지 분비 억제
② 수분 공급
③ 각질 제거
④ 자외선 차단

답안표기란				
15	①	②	③	④
16	①	②	③	④
17	①	②	③	④
18	①	②	③	④
19	①	②	③	④
20	①	②	③	④
21	①	②	③	④
22	①	②	③	④

23 향수의 발향 단계 중 '베이스 노트'에 주로 사용되는 향료는?

① 레몬, 오렌지 등 시트러스 계열
② 장미, 재스민 등 플로럴 계열
③ 머스크, 앰버, 우디 등 동물성 및 나무 계열
④ 허브 계열

24 다음 중 기능성 화장품으로 분류되지 않는 제품은?

① 태닝 오일(피부를 곱게 태워주는 제품)
② 튼살 붉은 선을 엷게 하는 데 도움을 주는 제품
③ 탈모 증상 완화에 도움을 주는 샴푸
④ 쌍꺼풀 액

25 공중보건학에서 말하는 '건강 보균자'란?

① 병원체에 감염되었으나 증상이 없고 병원체를 배출하는 사람
② 병이 완전히 치료된 사람
③ 병원체가 침입하지 않은 건강한 사람
④ 예방 접종을 맞은 사람

26 다음 중 공기의 자정 작용(스스로 깨끗해지는 작용)에 해당하지 않는 것은?

① 희석 작용(바람)
② 세정 작용(비, 눈)
③ 살균 작용(자외선)
④ 여과 작용(인공 필터)

27 실내 환경에서 쾌적함을 느끼는 불쾌지수의 범위는?

① 70 이하
② 75 ~ 80
③ 80 이상
④ 86 이상

28 다음 중 제1급 감염병으로 생물테러의 위험이 있는 것은?

① 탄저
② 결핵
③ B형 간염
④ 수두

29 병원체가 '리케차'인 감염병은?

① 발진티푸스
② 장티푸스
③ 콜레라
④ 결핵

30 다음 중 간디스토마(간흡충증)의 제1 중간 숙주는?

① 쇠우렁이
② 붕어
③ 게
④ 돼지

31 소독제 사용 시 미생물의 단백질을 응고시켜 살균하는 기전을 가진 것은?

① 알코올
② 과산화수소
③ 자외선
④ 염소

답안표기란				
23	①	②	③	④
24	①	②	③	④
25	①	②	③	④
26	①	②	③	④
27	①	②	③	④
28	①	②	③	④
29	①	②	③	④
30	①	②	③	④
31	①	②	③	④

★★★
32 미용업소의 컵이나 식기 소독에 적합한 물리적 소독법은?

① 자비 소독
② 화염 멸균
③ 소각
④ 일광 소독

★★
33 자외선 살균기의 램프를 닦을 때 사용하는 것은?

① 물
② 알코올
③ 벤젠
④ 기름

★★★
34 다음 중 공중위생관리법상 '이용업'의 정의는?

① 손님의 얼굴, 머리, 피부 등을 손질하여 외모를 아름답게 꾸미는 영업
② 손님의 머리카락 또는 수염을 깎거나 다듬는 등의 방법으로 용모를 단정하게 하는 영업
③ 손님에게 잠자리를 제공하는 영업
④ 세탁물을 처리하는 영업

★★★
35 미용업 영업자가 영업소의 상호를 변경했을 때 제출해야 하는 서류는?

① 영업 신고증 원본
② 미용사 면허증 사본
③ 임대차 계약서
④ 위생 교육 수료증

★★★
36 미용업소 내에 밀실이나 그 밖의 유사한 시설을 설치했을 때의 1차 행정 처분은?

① 경고
② 영업 정지
③ 영업소 폐쇄
④ 과태료

★★★
37 공중위생영업자가 위생 교육을 수료하지 않았을 때 과태료 부과 권한을 가진 자는?

① 보건복지부 장관
② 시·도지사
③ 시장·군수·구청장
④ 경찰서장

★★★
38 이·미용사의 면허를 취소할 수 있는 사유가 아닌 것은?

① 면허증 대여
② 이중 면허 취득
③ 결격 사유(마약 중독 등)에 해당하게 된 경우
④ 위생 교육 미이수

★★★
39 미용업소의 위생 등급을 결정하여 공표하는 사람은?

① 보건소장
② 시장·군수·구청장
③ 환경부 장관
④ 소비자 보호원장

답안표기란	
32	① ② ③ ④
33	① ② ③ ④
34	① ② ③ ④
35	① ② ③ ④
36	① ② ③ ④
37	① ② ③ ④
38	① ② ③ ④
39	① ② ③ ④

★★★
40 다음 중 미용업 영업 신고 시 필요한 설비 기준이 아닌 것은?

① 소독 장비
② 미용 기구
③ 응접 장소
④ 탈의실

★★★
41 메이크업 4대 목적 중 올바르지 않은 것은?

① 본능적인 목적 – 신분을 표현하는 수단으로 사용
② 실용적인 목적 – 같은 종족임을 표시하는 수단으로 사용
③ 신앙적인 목적 – 종교적 의미에서 시작하여 메이크업으로 변천
④ 표시적인 목적 – 특별한 상황을 표시하기 위한 목적으로 사용

★★
42 메이크업 시 인조 속눈썹을 붙일 때 본래 속눈썹과 자연스럽게 연결되도록 하는 도구는?

① 뷰러(아이래시 컬러)
② 쪽집게
③ 마스카라
④ 아이라이너

★★
43 얼굴형 수정 시 턱이 긴 얼굴(주걱턱)의 쉐이딩 방법은?

① 턱 끝을 가로로 쉐이딩한다.
② 턱 양옆을 세로로 쉐이딩한다.
③ 턱 전체를 밝게 하이라이트한다.
④ 입술 아래에 하이라이트를 준다.

★★★
44 다음 중 컨실러의 종류와 특징이 잘못 연결된 것은?

① 스틱 타입 - 커버력이 좋고 매트하다.
② 리퀴드 타입 - 촉촉하고 얇게 발리나 커버력이 약하다.
③ 펜슬 타입 - 점이나 좁은 부위 잡티 커버에 좋다.
④ 크림 타입 - 유분감이 적어 건성 피부에 부적합하다.

★★
45 눈썹 그리기의 기본 순서로 옳은 것은?

① 눈썹 산 - 눈썹 꼬리 - 눈썹 머리
② 눈썹 머리 - 눈썹 산 - 눈썹 꼬리
③ 눈썹 꼬리 - 눈썹 머리 - 눈썹 산
④ 순서는 상관없다.

★★★
46 다음 중 미용업소에서 사용하는 수건의 소독 상태를 확인하는 방법은?

① 냄새를 맡아본다.
② 색깔을 본다.
③ 현미경으로 검사한다.
④ 만져서 축축한지 확인한다.

★★
47 다음 중 알코올 소독의 단점은?

① 가격이 비싸다.
② 고무나 플라스틱 제품을 변색시키거나 경화시킬 수 있다.
③ 살균력이 약하다.
④ 사용법이 복잡하다.

답안표기란	
40	① ② ③ ④
41	① ② ③ ④
42	① ② ③ ④
43	① ② ③ ④
44	① ② ③ ④
45	① ② ③ ④
46	① ② ③ ④
47	① ② ③ ④

★★★
48 미용업소 내에 손님이 보기 쉬운 곳에 게시해야 하는 '최종 지불 요금표'에 포함되어야 할 내용은?

① 재료비 원가
② 서비스별 가격 및 봉사료 포함 여부
③ 미용사의 인건비
④ 임대료

★★★
49 화장품 사용 시 펌프형 용기를 사용하는 주된 이유는?

① 디자인이 예뻐서
② 내용물이 공기와 접촉하는 것을 줄여 변질을 막기 위해
③ 가격을 높이기 위해
④ 양을 많이 나오게 하기 위해

★★
50 다음 중 눈가 주름을 예방하고 탄력을 주기 위해 바르는 아이 크림의 올바른 사용법은?

① 눈가를 세게 문지르며 바른다.
② 약지 손가락으로 톡톡 두드리듯 가볍게 흡수시킨다.
③ 스킨 전 단계에 바른다.
④ 눈 안에 들어가도록 바른다.

★★★
51 다음 중 올바르게 짝지어진 것은?

① 보호의 기능 – 외모 개선을 통해 자존감이 높아지고, 행동의 적극성이 강화되며 전반적인 긍정 변화로 자신을 보호
② 미화의 기능 – 메이크업 제품으로 자신의 얼굴의 장점을 부각시키고 결점을 보완하여 아름다움을 추구
③ 사회적 기능 – 자신이 사회에서 갖는 지위, 직업, 신분을 표시하는 사회적인 관습
④ 심리적 기능 – 외모에 자신감을 부여함으로써 심리적으로 능동적이고 적극적인 자신감을 가지게 됨으로써 긍정적 효과를 기대

★★
52 피부 미용 시술 후 온습포(따뜻한 수건)를 사용하는 효과는?

① 모공 수축
② 진정 작용
③ 모공 이완 및 노폐물 닦아내기, 혈액 순환 촉진
④ 홍조 완화

★★
53 다음 중 브러시의 털이 빠지는 것을 방지하기 위한 관리법은?

① 뜨거운 물에 삶는다.
② 세척 시 금속 부분(구관)까지 물에 푹 담근다.
③ 털 부분만 세척하고 구관에 물이 들어가지 않게 한다.
④ 세척하지 않는다.

답안표기란				
48	①	②	③	④
49	①	②	③	④
50	①	②	③	④
51	①	②	③	④
52	①	②	③	④
53	①	②	③	④

54 고객이 메이크업 시술 중 눈이 따갑
다고 호소할 때 가장 먼저 취해야
할 조치는?

① 참으라고 한다.
② 즉시 시술을 중단하고 원인을 확
  인한 후 세척 등의 조치를 취한다.
③ 인공눈물을 넣어주고 계속한다.
④ 눈을 감고 있으라고 한다.

55 다음 중 손 소독제의 주성분으로 가
장 많이 쓰이는 것은?

① 메탄올
② 에탄올(이소프로판올)
③ 아세톤
④ 포르말린

56 미용업소에서 사용하는 1회용 컵을
줄이기 위해 설치할 수 있는 것은?

① 자판기
② 컵 소독기(살균기)
③ 쓰레기통
④ 정수기

57 다음 중 메이크업 시 위생을 위해
사용하는 도구가 아닌 것은?

① 1회용 마스카라 브러시
② 스파츌라
③ 메이크업 팔레트
④ 손등

58 고객에게 어울리는 메이크업을 제
안할 때 고려해야 할 사항이 아닌
것은?

① 고객의 피부 톤
② 고객의 선호 스타일
③ 고객의 직업과 TPO
④ 시술자의 개인적 취향

59 다음 중 눈썹 가위의 올바른 사용
법은?

① 가위 날을 피부 쪽으로 향하게 한다.
② 가위 끝이 위를 향하게 하여 빗
  위로 나온 털을 자른다.
③ 가위 날을 세워서 자른다.
④ 피부에 밀착시켜 자른다.

60 미용업소의 영업 시간 제한 등을 명
할 수 있는 경우는?

① 에너지 절약을 위해
② 공익상 필요하거나 감염병 예방
  등 위생상 필요한 경우
③ 주변 상권 보호를 위해
④ 미용사의 휴식을 위해

답안표기란				
54	①	②	③	④
55	①	②	③	④
56	①	②	③	④
57	①	②	③	④
58	①	②	③	④
59	①	②	③	④
60	①	②	③	④

Chapter 03

파이널 CBT 실전모의고사 — 정답 및 해설

파이널 CBT 실전모의고사 1회																			
01	02	03	04	05	06	07	08	09	10	11	12	13	14	15	16	17	18	19	20
②	①	②	①	②	②	③	②	①	①	③	③	②	②	①	④	③	①	④	③
21	22	23	24	25	26	27	28	29	30	31	32	33	34	35	36	37	38	39	40
④	③	②	①	③	③	②	④	③	③	③	②	①	③	④	③	③	②	②	③
41	42	43	44	45	46	47	48	49	50	51	52	53	54	55	56	57	58	59	60
③	②	②	②	④	③	③	③	②	②	②	②	②	①	③	②	③	①	②	④

01 ▶ ②

노랑과 주황(귤색 계열) 사이의 색은 노랑 주황으로 따뜻하고 활기찬 느낌을 준다.

02 ▶ ①

개항 이후 1916년(등록은 1922년)에 우리나라 최초의 관허 화장품인 박가분이 제조되어 판매되었다.

03 ▶ ②

로코코 시대(마리 앙투아네트 등)에는 귀족적이고 인위적인 미를 추구하여 창백한 피부, 붉은 연지, 높게 올린 머리, 장식용 패치가 유행했다.

04 ▶ ①

명도 대비는 주위 색의 밝기에 따라 밝기가 달라 보이는 현상으로, 어두운 배경(검정) 위의 색이 더 밝게 느껴진다.

05 ▶ ②

프라이머는 모공이나 잔주름 등 요철을 메워 피부 결을 매끄럽게 하고 파운데이션의 밀착력을 높여준다.

06 ▶ ②

짧고 낮은 코는 콧대 전체에 길게 하이라이트를 주어 시원하고 높아 보이게 한다.

07 ▶ ③

눈썹 가위는 눈썹 빗과 함께 사용하여 긴 눈썹을 일정한 길이로 자를 때 사용한다.

08 ▶ ②

밝은 색(팽창색)과 광택이 있는(글로시) 질감은 입술을 확대되고 도톰해 보이게 한다.

09 ▶ ①

햇볕에 탔을 때 붉게 익지 않고 검게 타는 것은 웜톤의 일반적인 특징 중 하나이나, 절대적인 기준은 아니다. 그러나 일반적으로 웜톤은 옐로우 베이스, 골드 액세서리, 오렌지 계열이 어울린다. 쿨톤은 햇볕에 붉게 익는 경우가 많다.

10 ▶ ①

처진 눈은 아이라인 꼬리를 살짝 올려 그리고, 눈썹도 상승형이나 아치형으로 그려 리프팅 효과를 준다.

11 ▶ ③

병치 혼합은 직물이나 점묘화처럼 작은 점들이 조밀하게 배치되어 멀리서 보았을 때 혼합된 색으로 보이는 현상이다.

12 ▶ ③

피부색은 주로 멜라닌, 카로틴, 헤모글로빈에 의해 결정되며, 그중 멜라닌이 가장 결정적인 역할을 한다.

13 ▶ ②

진피는 유두층과 망상층으로 나뉘며, 망상층이 진피의 대부분을 차지하고 콜라겐과 엘라스틴이 밀집되어 있다.

14 ▶ ②

랑게르한스 세포는 외부 항원을 인식하여 면역 반응을 유도하는 파수꾼 역할을 한다.

15 ▶ ①

건성 피부는 피지와 수분 분비가 모두 부족하여 피부가 거칠고 당김이 심하다.

16 ▶ ④

발생기는 성장 주기의 명칭이 아니며, 보통 성장기-퇴화기-휴지기(또는 발생기 포함 4단계 분류 시 휴지기 다음 새로운 모발 발생)로 나눈다. 모발이 가장 굵고 튼튼한 시기는 성장기이다.

17 ▶ ③

사마귀는 인유두종 바이러스(HPV) 감염에 의해 발생한다.

18 ▶ ①

조모는 손톱을 만들어내는 생산 공장이므로 이곳이 손상되면 정상적인 손톱 성장이 어렵다.

19 ▶ ④

알코올은 휘발성이 있어 수분을 증발시키는 성질이 있다. 나머지는 유성 원료이다.

20 ▶ ③

살리실산은 바하(BHA)에 속한다. 아하에는 글리콜산, 젖산, 사과산, 구연산 등이 있다.

21 ▶ ④

질병의 치료(아토피 치료 등)는 의약품의 영역이며 화장품의 효능으로 표시할 수 없다.

22 ▶ ③

HLB(Hydrophile-Lipophile Balance)는 계면활성제가 물과 기름 중 어느 쪽에 더 친화력이 강한지를 나타내는 수치이다.

23 ▶ ②

땀 냄새와 향수가 섞이면 불쾌한 냄새로 변할 수 있으므로 땀이 나는 부위는 피해야 한다.

24 ▶ ①

베이스 코트는 손톱 보호, 착색 방지, 컬러 밀착력 강화 기능을 한다.

25 ▶ ③

공중보건학은 개인이나 특정인이 아닌 지역 사회 전체 주민(집단)을 대상으로 한다.

26 ▶ ③

수인성 감염병은 오염된 물을 통해 전파되므로 물을 끓여 먹고 상수도 위생 관리를 철저히 해야 한다.

27 ▶ ②

결핵, 수두, 홍역 등은 제2급 감염병이다. 페스트는 1급, 파상풍과 말라리아는 3급이다.

28 ▶ ④

항독소나 면역 혈청을 주사하여 항체를 직접 넣어주는 것은 인공 수동 면역이다. 나머지는 인공 능동 면역(백신)이다.

29 ▶ ③

태양광선 중 자외선이 강력한 살균 작용을 한다.

30 ▶ ③

승홍, 과산화수소, 염소계 등은 금속 부식성이 있으나, 역성비누는 부식성이 없고 자극이 적다.

31 ▶ ③

표백성이 강하면 의류나 기구를 손상시킬 수 있으므로 좋지 않다.

32 ▶ ②

121도에서 20분간(15파운드 압력) 멸균하는 것이 표준이다.

33 ▶ ①

무신고 영업은 1년 이하의 징역 또는 1천만 원 이하의 벌금에 처한다.

34 ▶ ③

1회용 면도날은 혈액 매개 감염의 위험이 있으므로 재사용이 금지되어 있다.

35 ▶ ④

인테리어 색상 변경과 같은 단순한 사항은 신고 대상이 아니다.

36 ▶ ③

습기가 많은 곳이나 온도가 높은 곳은 변질의 우려가 있으므로 피해야 한다.

37 ▶ ③

일반 관리 대상 업소는 백색 등급을 부여한다.

38 ▶ ②

크레졸은 보통 3% 수용액(물 97 : 크레졸 3)으로 희석하여 사용한다.

39 ▶ ②

보라 380~456nm, 노랑 570~590nm, 파랑 450~495nm, 빨강 620~780nm, 초록 495~570nm, 주황 590~620nm

40 ▶ ③

문신 시술은 의료 행위로 간주되어 미용사가 할 수 없다.

41 ▶ ③

70~75% 농도의 에탄올이 세포막 침투가 가장 잘 되어 살균력이 가장 뛰어나다.

42 ▶ ②

빗이나 가위 등은 열에 약하거나 녹슬 수 있으므로 알코올 소독이 가장 적합하다. 끓는 물 소독은 10분 이상 해야 효과가 있다.

43 ▶ ②

핑크색 메이크업 베이스는 창백한 피부에 혈색을 부여하여 화사하게 만든다.

44 ▶ ②

파우더는 유분을 잡아주어 메이크업의 지속력을 높이고 보송하게 마무리하는 역할을 한다.

45 ▶ ④

립스틱은 왁스, 오일, 색소(안료)가 주성분이다. 세정용 계면활성제는 클렌징 제품에 들어간다.

46 ▶ ③

천연모 브러시는 전용 클렌저나 중성 세제(샴푸 등)를 사용하여 부드럽게 세척해야 털이 상하지 않는다.

47 ▶ ③

딥 클렌징은 각질을 제거하여 화장품의 흡수율을 높여준다.

48 ▶ ③

역삼각형 얼굴은 넓은 이마 양옆을 쉐이딩하여 폭을 줄여 보이고, 뾰족한 턱 끝을 쉐이딩하여 부드럽게 만든다. 턱 양옆을 쉐이딩하면 더 뾰족해 보이므로 피한다.

49 ▶ ②

워터프루프 제품은 물에 지워지지 않으므로 유분층이 포함된 전용 리무버를 사용해야 한다.

50 ▶ ②

표준 눈썹에서 눈썹 산은 전체 길이의 약 2/3 지점(눈동자 바깥쪽 끝에서 수직으로 올라간 점 부근)에 위치한다.

51 ▶ ②

케라틴은 경단백질의 일종이다.

52 ▶ ②

1960년대부터 국산 화장품 생산이 본격화되고 색채화장법이 시작되었다.

53 ▶ ②

억지로 뜯으면 피부가 상하므로 글루 전용 리무버를 사용하여 녹여서 닦아낸다.

54 ▶ ①

다중이용시설 등의 실내 공기질 관리법상 이산화탄소 농도는 1000ppm(0.1%) 이하로 유지해야 한다.

55 ▶ ③

상처를 통해 감염이 일어날 수 있으므로 철저히 소독 후 방수 밴드나 골무, 장갑 등을 착용하여 직접 접촉을 막아야 한다.

56 ▸ ②

유분(피지)이 부족한 피부는 건성 피부이다.

57 ▸ ③

pH는 산성도를 나타내는 지수이며 자외선 차단과는 관계없다(PPD는 UVA 차단 지수 측정법 중 하나).

58 ▸ ①

립 브러시를 사용하면 입술 라인을 정교하게 그릴 수 있고, 입술 주름 사이를 메워 밀착력과 지속력을 높일 수 있으며 위생적이다.

59 ▸ ②

날카로운 면도날 등은 찔릴 위험이 있으므로 별도의 섭취가 불가능한 단단한 통에 모아 안전하게 폐기해야 한다. 머리카락은 생활 폐기물로 처리한다.

60 ▸ ④

시술자는 고객과 적당한 거리를 유지해야 하며, 너무 가까이 붙으면 고객이 부담스러워하고 시야 확보가 어렵다. 위생을 위해 마스크를 착용하고 냄새 관리에 주의한다.

파이널 CBT 실전모의고사 2회

01	02	03	04	05	06	07	08	09	10	11	12	13	14	15	16	17	18	19	20
①	①	①	①	④	①	②	②	①	②	②	②	②	①	①	②	①	①	①	①
21	22	23	24	25	26	27	28	29	30	31	32	33	34	35	36	37	38	39	40
④	①	③	④	①	④	①	①	①	①	①	①	②	②	①	②	③	④	②	④
41	42	43	44	45	46	47	48	49	50	51	52	53	54	55	56	57	58	59	60
①	①	①	④	①	①	②	②	②	②	①	③	③	②	②	②	④	④	②	②

01 ▶ ①

마키아주는 프랑스어로 분장이라는 뜻의 연극 용어에서 유래되었다.

02 ▶ ①

고려 시대에는 피부 보호와 미백을 위해 면약, 면지 등을 사용했으며, 기생을 중심으로 분대 화장이 유행했다.

03 ▶ ①

1970년대에는 히피 문화의 영향으로 자연스러운 피부 표현과 자유분방한 색채가 유행했다. 펑크는 70년대 후반에 등장했다.

04 ▶ ①

1910년대에는 신비로운 동양의 이미지를 강조한 오리엔탈 룩이 유행했다.

05 ▶ ④

피부색은 멜라닌, 헤모글로빈(혈액), 카로틴, 각질층의 두께 등에 의해 결정된다. 피지 분비량은 피부 유형(지성/건성)을 결정한다.

06 ▶ ①

브러시를 눕혀 두드리면(패팅) 결 자국이 남지 않고 커버력과 밀착력이 높아진다.

07 ▶ ②

긴 얼굴은 시선을 가로로 확장시키기 위해 양쪽 볼(애플존) 부위에 가로 느낌으로 하이라이트나 블러셔를 넣어준다.

08 ▶ ②

눈썹 꼬리가 처지면 슬퍼 보이거나 우울하고 나이 들어 보이는 인상을 준다.

09 ▶ ①

입술 산이 몰려 있으면 옹졸해 보일 수 있으므로 산의 간격을 양옆으로 넓혀 부드러운 곡선으로 그려준다.

10 ▶ ②

붉은 기가 많은 피부는 옐로우 베이스(또는 그린 베이스)를 사용하여 붉은 톤을 차분하게 눌러주는 것이 좋다.

11 ▶ ②

채도는 색의 선명도, 즉 순수하고 맑은 정도를 나타낸다.

12 ▶ ②

색미가 없고 명도만 존재하는 색을 무채색이라 한다.

13 ▶ ②

밝음과 어두움의 대비(콘트라스트)를 강하게 주면 입체감이 극대화된다.

14 ▶ ①

옥수수 전분이나 쌀 전분 등은 탈크를 대체하여 피지를 흡착하고 보송하게 하는 천연 파우더 원료로 쓰인다.

15 ▶ ①

히알루론산은 진피의 기질 성분으로 자기 무게의 수백 배에 달하는 수분을 끌어당겨 저장한다.

16 ▶ ①

각질 형성 세포의 생성부터 탈락까지의 주기를 턴오버 또는 각화 주기라 하며 정상 피부는 약 28일이다.

PART 03

17 ▶ ②

손끝과 입술 등은 감각 수용기가 많이 분포하여 감각이 매우 예민하다.

18 ▶ ①

비타민 C, 비타민 E 등 항산화제는 활성 산소를 제거하여 노화를 지연시킨다.

19 ▶ ①

비타민 C는 미백 효과와 재생 효과가 있어 색소 침착 완화에 도움을 준다.

20 ▶ ①

알레르기 접촉 피부염은 특정 항원(금속, 화장품 성분 등)에 과민 반응을 보이는 사람에게만 발생한다.

21 ▶ ④

립스틱의 지속력을 증대시켜주는 것은 립코트이다.

22 ▶ ①

수렴제(아스트린젠트)는 일시적으로 모공을 조여주고 피지 분비를 조절하며 피부에 긴장감을 준다.

23 ▶ ③

베이스 노트는 휘발성이 낮고 지속력이 긴 향료인 머스크, 앰버, 샌달우드 등을 주로 사용한다.

24 ▶ ④

쌍꺼풀 액은 일반 화장품(접착제)이며 기능성 화장품 범주에 포함되지 않는다. 나머지 3가지는 기능성 화장품이다.

25 ▶ ①

건강 보균자는 겉으로는 건강해 보이지만 몸안에 병원균을 지니고 있어 남에게 전파시킬 수 있는 사람이다.

26 ▶ ④

공기의 자정 작용은 희석, 세정, 살균, 산화, 침강 등 자연적인 현상을 말한다. 여과 작용은 인위적인 정화 방법이다.

27 ▶ ①

불쾌지수 70 이하는 대부분의 사람이 쾌적함을 느끼고, 75 이상이면 반 정도가 불쾌감을, 80 이상이면 대부분이 불쾌감을 느낀다.

28 ▶ ①

탄저, 페스트, 두창, 보툴리눔 독소증 등은 생물테러 감염병으로 분류되는 제1급 감염병이다.

29 ▶ ①

발진티푸스, 쯔쯔가무시병 등은 세균과 바이러스의 중간 성격인 리케차에 의해 발생한다. 장티푸스는 세균성이다.

30 ▶ ①

간흡충의 제1 중간 숙주는 쇠우렁이(왜우렁이)이고, 제2 중간 숙주는 담수어(붕어, 잉어 등)이다.

31 ▶ ①

알코올(에탄올)과 석탄산 등은 균체의 단백질을 변성 및 응고시켜 살균한다.

32 ▶ ①

식기류는 끓는 물에 삶는 자비 소독이 가장 위생적이고 안전하다.

33 ▶ ②

자외선 램프 표면에 먼지나 기름이 묻으면 살균력이 떨어지므로 알코올 솜으로 깨끗이 닦아준다.

34 ▶ ②

②번은 이용업, ①번은 미용업의 정의이다. 이용업은 '수염'을 깎는 것이 특징이다.

35 ▶ ①

상호 변경 시 영업 신고증 원본을 첨부하여 변경 신고를 해야 새 신고증을 받을 수 있다.

36 ▶ ②

퇴폐 영업 등을 막기 위해 밀실 설치는 금지되며, 위반 시 행정 처분(영업 정지 등)을 받는다. (규칙상 1차 영업정지 처분이 일반적임).

37 ▶ ③

과태료의 부과 및 징수는 관할 시장·군수·구청장이 한다.

38 ▶ ④

위생 교육 미이수는 과태료 부과 대상이지 면허 취소 사유는 아니다.

39 ▶ ②

위생 서비스 수준 평가 및 등급 공표는 시장·군수·구청장의 권한이다.

40 ▶ ④

미용업 설비 기준에는 소독 장비, 미용 기구 등이 있으나 별도의 탈의실이나 응접 장소 설치가 법적 필수 요건은 아니다(칸막이 등으로 구획할 수는 있음).

41 ▶ ①

본능적인 목적으로는 성적 매력을 표현하는 수단으로 사용하였다.

42 ▶ ①

뷰러로 본래 속눈썹을 컬링 한 후 인조 속눈썹을 붙이거나, 붙인 후 같이 집어주면 자연스럽게 연결된다. 마스카라를 덧바르기도 한다. 도구로는 뷰러가 적합하다.

43 ▶ ①

턱이 긴 경우 턱 끝부분을 가로로 쉐이딩하여 길이를 끊어주면 짧아 보인다.

44 ▶ ④

크림 타입 컨실러는 유분감이 적당히 있어 발림성이 좋고 커버력도 우수하여 넓은 부위 잡티 커버에 적합하다. 건성 피부에 부적합한 것은 매트한 스틱 타입일 수 있다. 크림은 건성에도 무난하다.

45 ▶ ①

보통 눈썹 산의 위치를 잡고 꼬리를 연결한 뒤, 앞머리를 자연스럽게 채우는 순서가 일반적이다. 또는 꼬리 쪽부터 형태를 잡고 앞으로 온다. 가장 진해야 할 꼬리 부분을 먼저 잡는 것이 실패가 적다. 정답은 꼬리나 산을 먼저 잡는 ①번이 가장 적절한 테크닉이다(앞머리부터 그리면 진해져서 짱구 눈썹이 되기 쉽다).

46 ▶ ①

현장에서 즉시 확인하는 방법으로는 오염, 이물질, 냄새, 건조 상태 등을 관능 검사로 확인한다.

47 ▶ ②

알코올은 고무나 일부 플라스틱을 딱딱하게 만들거나 하얗게 변색시킬 수 있다.

48 ▶ ②

고객이 실제로 내야 하는 최종 가격(봉사료, 부가세 포함)을 서비스 항목별로 명시해야 한다.

49 ▶ ②

펌프형이나 진공 용기는 내용물의 산화와 오염을 방지하여 위생적이다.

50 ▶ ②

눈가는 피부가 얇으므로 힘이 가장 약한 약지 손가락을 사용하여 자극 없이 두드려 바른다.

51 ▶ ①

보호의 기능은 피부 보호의 목적으로 외부의 먼지나 자외선, 대기오염, 온도 등의 변화로부터 피부를 보호하는 기능을 한다.

52 ▶ ③

온습포는 모공을 열어주어 노폐물을 제거하기 쉽게 하고 혈액 순환을 돕는다(냉습포가 모공 수축 및 진정).

53 ▶ ③

털과 손잡이를 연결하는 구관(접착 부위)에 물이 들어가면 접착제가 약해져 털이 빠지거나 자루가 분리될 수 있다.

54 ▶ ②

고객의 불편이나 통증 호소 시 즉시 중단하고 원인을 파악하여 조치해야 한다.

55 ▶ ②

손 소독제에는 주로 에탄올이나 이소프로판올이 사용된다. 메탄올은 독성이 있어 사용하지 않는다.

56 ▶ ②

컵을 씻어서 소독할 수 있는 자외선 살균 소독기 등을 비치하면 다회용 컵을 위생적으로 사용할 수 있어 1회용품을 줄일 수 있다.

57 ▶ ④

손등에 덜어서 사용하는 것은 체온에 의해 제품이 변질되거나 세균이 오염될 수 있으므로, 팔레트와 스파츌라를 사용하는 것이 위생적이다.

58 ▶ ④

시술자의 취향보다는 고객의 특성과 요구, 상황에 맞는 메이크업을 제안해야 한다.

59 ▶ ②

눈썹 빗으로 털을 빗어 올린 후, 빗 위로 삐져나온 긴 털을 가위 끝을 살짝 들어 피부가 다치지 않게 자른다.

60 ▶ ②

시·도지사는 공익상 또는 위생상 필요하다고 인정하는 경우 영업시간이나 영업 행위를 제한할 수 있다.

PART

04

최빈출
실전 60제

최빈출 실전 60제

메이크업의 정의와 가장 거리가 먼 것은?

① 신체의 아름다운 부분을 돋보이게 한다.
② 신체의 결점을 수정하고 보완한다.
③ 의학적인 치료를 목적으로 한다.
④ 외부 환경으로부터 피부를 보호한다.

메이크업은 미적 추구와 심리적 만족, 피부 보호를 목적으로 하며 의학적 치료 목적은 아니다.

다음 중 소독과 멸균에 대한 정의가 올바르게 짝지어진 것은?

① 소독 - 모든 미생물을 완전히 사멸시키는 것
② 멸균 - 병원성 미생물의 생활력을 파괴하여 감염력을 없애는 것
③ 방부 - 미생물의 증식을 억제하거나 부패를 방지하는 것
④ 살균 - 유해한 미생물의 발육을 정지시키는 것

소독은 병원균을 죽이거나 약화시키는 것이고, 멸균은 아포를 포함한 모든 균을 죽이는 것이다. 방부는 미생물의 증식을 억제한다.

피부의 구조 중 표피의 가장 바깥층에 위치하며 각질 세포로 구성된 층은?

① 기저층
② 유극층
③ 과립층
④ 각질층

표피의 최외각층은 각질층이다.

피지선에 대한 설명으로 틀린 것은?

① 손바닥과 발바닥에 가장 많이 분포한다.
② 모낭과 연결되어 피지를 분비한다.
③ 피부 표면에 피지막을 형성하여 수분 증발을 막는다.
④ 남성 호르몬인 안드로겐의 영향을 받는다.

피지선은 손바닥과 발바닥에는 없다.

색의 3속성에 해당하지 않는 것은?

① 색상
② 명도
③ 채도
④ **보색**

색의 3속성은 색상, 명도, 채도이다.

빛의 혼합(가산 혼합)에서 3원색을 모두 섞었을 때 나타나는 색은?

① 검정
② **흰색**
③ 회색
④ 보라

빛의 3원색(빨강, 초록, 파랑)을 모두 합치면 백색광(흰색)이 된다.

자외선 차단지수인 SPF 1은 약 몇 분 정도의 자외선 차단 지속 시간을 의미하는가?

① 5분
② 10분
③ **15분**
④ 20분

SPF 1은 약 15분 정도 자외선 B를 차단하는 효과가 있다.

코가 낮고 평평한 경우 콧대를 높아 보이게 하는 수정 메이크업 방법은?

① 콧등 전체에 어두운 쉐이딩을 넣는다.
② 콧방울에 밝은 하이라이트를 준다.
③ **콧대 중앙에 밝은 하이라이트를 넣고 코 벽에 자연스러운 쉐이딩을 준다.**
④ 미간을 넓게 표현한다.

낮은 코를 높게 보이려면 콧대(T존)에 하이라이트를 주고 코 양옆 벽에 쉐이딩을 넣어 입체감을 살려야 한다.

메이크업의 T.P.O에 해당하지 않는 것은?

① 시간
② 장소
③ 상황
④ **성격**

T.P.O는 시간, 장소, 상황을 의미하며 이에 맞는 적절한 메이크업을 해야 한다.

다음 중 복합성 피부의 특징으로 가장 적절한 것은?

① 얼굴 전체가 건조하고 당긴다.
② 얼굴 전체에 피지 분비가 왕성하다.
③ **티존은 번들거리고 유존은 건조하다.**
④ 피부 두께가 매우 얇고 예민하다.

복합성 피부는 이마와 코(T존)는 지성이고, 볼(U존)은 건성인 두 가지 유형이 공존하는 피부다.

피부 밑에 있는 지방 조직으로 체온을 유지하고 외부 충격을 완화하는 층은?

① 표피
② 진피
③ **피하조직**
④ 근육층

피하조직은 다량의 지방을 함유하고 있어 체온 손실을 막고 외부 충격으로부터 몸을 보호하는 쿠션 역할을 한다.

화장품의 원료 중 수분을 끌어당겨 피부를 촉촉하게 유지해 주는 보습제 성분은?

① **글리세린**
② 탤크
③ 카올린
④ 알코올

글리세린, 히알루론산, 프로필렌글리콜 등은 대표적인 보습제 성분이다.

화장품 제조 시 물과 기름이 잘 섞이도록 도와주는 물질은?

① 방부제
② **계면활성제**
③ 금속이온봉쇄제
④ 산화방지제

계면활성제(유화제)는 서로 섞이지 않는 물과 기름을 혼합해 주는 역할을 한다.

파운데이션을 바를 때 사용하는 도구 중 넓은 면을 빠르게 펴 바르기 좋으며 밀착력을 높여주는 도구는?

① 브러시
② **라텍스 스펀지**
③ 면봉
④ 손가락

라텍스 스펀지는 넓은 면을 균일하게 바르고 두드려 밀착력을 높이는 데 효과적이다.

먼셀의 색체계에서 채도가 가장 높은 순수한 색을 무엇이라 하는가?

① **순색**
② 탁색
③ 청색
④ 명색

각 색상 중에서 채도가 가장 높고 섞임이 없는 색을 순색이라 한다.

계절별 메이크업 중 여름 타입의 이미지로 적절한 것은?

① 따뜻하고 포근한 이미지
② **시원하고 청량하며 깨끗한 이미지**
③ 화려하고 강렬한 이미지
④ 차분하고 지적인 이미지

여름 메이크업은 시원하고 청량하며 흰빛이 섞인 파스텔 톤을 사용하여 깨끗한 이미지를 연출한다.

표피의 턴오버(각화) 주기는 정상 피부의 경우 대략 며칠인가?

① 7일
② 14일
③ 28일
④ 60일

정상적인 피부의 각화 주기는 약 4주(28일)이다.

원발진(1차 병변) 중 1cm 미만의 융기된 고형 병변을 무엇이라 하는가?

① 반점
② 구진
③ 결절
④ 종양

구진은 1cm 미만의 작게 솟아오른 병변을 말한다.

땀샘(한선)에 대한 설명으로 옳은 것은?

① 에크린선은 모낭과 연결되어 있다.
② 아포크린선은 체온 조절이 주된 기능이다.
③ 에크린선은 전신에 분포하며 수분이 주성분이다.
④ 아포크린선은 사춘기 이전에 가장 활발하다.

에크린선(소한선)은 전신에 분포하며 수분 배출을 통해 체온을 조절한다. 아포크린선은 사춘기 이후 활발해진다.

다음 중 진피층에 있는 세포로, 상처 치유와 콜라겐 생성을 담당하는 세포는?

① 비만 세포
② 대식 세포
③ 섬유아세포
④ 형질 세포

섬유아세포는 진피의 결합 조직 성분인 콜라겐, 엘라스틴 등을 생성하여 피부 재생에 핵심적인 역할을 한다.

피부의 기능 중 비타민 D 합성에 필요한 요소는?

① 적외선
② 가시광선
③ **자외선**
④ 레이저

피부는 자외선(UVB)을 받으면 체내에서 비타민 D를 합성한다.

다음 중 살균 작용 기전(원리)이 산화 작용인 소독제는?

① **과산화수소**
② 알코올
③ 석탄산
④ 역성비누

과산화수소, 오존, 과망간산칼륨 등은 산화 작용을 통해 미생물을 파괴한다.

질병 발생의 예방 대책 중 1차 예방에 해당하는 것은?

① **예방 접종 및 건강 증진**
② 조기 발견 및 조기 치료
③ 재활 치료
④ 사회 복귀 훈련

1차 예방은 질병이 발생하기 전에 건강을 증진하고 발병을 막는 단계(예방 접종 등)이다.

미용 업소에서 사용하는 빗, 가위 등의 소독에 가장 적합하고 간편한 방법은?

① 자외선 소독
② **에탄올 소독**
③ 소각법
④ 화염 멸균

플라스틱 빗이나 가위 등은 70% 에탄올에 담그거나 닦아서 소독하는 것이 변형 없이 효과적이다.

화장품의 원료 중 피부에 얇은 막을 형성하여 수분 증발을 막아주는 오일 성분이 아닌 것은?

① 호호바 오일
② 스쿠알란
③ 바세린
④ **알코올**

알코올은 휘발성이 있어 수분을 증발시키는 성질이 있다. 나머지는 유성 원료이다.

눈썹 수정 시 눈썹 꼬리가 눈썹 머리보다 낮게 처져 있을 때 주는 인상은?

① 날카롭고 예민해 보인다.
② **우울하거나 나이 들어 보인다.**
③ 젊고 생기 있어 보인다.
④ 강인하고 남성적으로 보인다.

눈썹 꼬리가 처지면 슬퍼 보이거나 우울하고 나이 들어 보이는 인상을 준다.

다음 중 옐로우 베이스의 파운데이션을 사용했을 때 가장 효과적인 피부 톤은?

① 창백하고 혈색 없는 피부
② **붉은 기가 많은 홍조 피부**
③ 검고 칙칙한 피부
④ 노란 기가 심한 피부

붉은 기가 많은 피부는 옐로우 베이스(또는 그린 베이스)를 사용하여 붉은 톤을 차분하게 눌러주는 것이 좋다.

피부의 진피층 내에 존재하며 수분을 다량 함유하여 피부의 수분 보유력을 높여주는 물질은?

① **히알루론산**
② 케라틴
③ 멜라닌
④ 리놀산

히알루론산은 진피의 기질 성분으로 자기 무게의 수백 배에 달하는 수분을 끌어당겨 저장한다.

다음 중 기능성 화장품으로 분류되지 않는 제품은?

① 태닝 오일(피부를 곱게 태워주는 제품)
② 튼살 붉은 선을 엷게 하는 데 도움을 주는 제품
③ 탈모 증상 완화에 도움을 주는 샴푸
④ **쌍꺼풀 액**

쌍꺼풀 액은 일반 화장품(접착제)이며 기능성 화장품 범주에 포함되지 않는다. 나머지 3가지는 기능성 화장품이다.

공중보건학에서 말하는 '건강 보균자'란?

① **병원체에 감염되었으나 증상이 없고 병원체를 배출하는 사람**
② 병이 완전히 치료된 사람
③ 병원체가 침입하지 않은 건강한 사람
④ 예방 접종을 맞은 사람

건강 보균자는 겉으로는 건강해 보이지만 몸안에 병원균을 지니고 있어 남에게 전파시킬 수 있는 사람이다.

병원체가 '리케차'인 감염병은?

① **발진티푸스**
② 장티푸스
③ 콜레라
④ 결핵

발진티푸스, 쯔쯔가무시병 등은 세균과 바이러스의 중간 성격인 리케차에 의해 발생한다. 장티푸스는 세균성이다.

다음 중 컨실러의 종류와 특징이 잘못 연결된 것은?

① 스틱 타입 - 커버력이 좋고 매트하다.
② 리퀴드 타입 - 촉촉하고 얇게 발리나 커버력이 약하다.
③ 펜슬 타입 - 점이나 좁은 부위 잡티 커버에 좋다.
④ **크림 타입 - 유분감이 적어 건성 피부에 부적합하다.**

크림 타입 컨실러는 유분감이 적당히 있어 발림성이 좋고 커버력도 우수하여 넓은 부위 잡티 커버에 적합하다. 건성 피부에 부적합한 것은 매트한 스틱 타입일 수 있다. 크림은 건성에도 무난하다.

공중위생영업자가 위생 교육을 수료하지 않았을 때 과태료 부과 권한을 가진 자는?

① 보건복지부 장관
② 시·도지사
③ 시장·군수·구청장
④ 경찰서장

과태료의 부과 및 징수는 관할 시장·군수·구청장이 한다.

미용업소 내에 손님이 보기 쉬운 곳에 게시해야 하는 '최종 지불 요금표'에 포함되어야 할 내용은?

① 재료비 원가
② 서비스별 가격 및 봉사료 포함 여부
③ 미용사의 인건비
④ 임대료

고객이 실제로 내야 하는 최종 가격(봉사료, 부가세 포함)을 서비스 항목별로 명시해야 한다.

메이크업 시 인조 속눈썹을 붙일 때 본래 속눈썹과 자연스럽게 연결되도록 하는 도구는?

① 뷰러(아이래시 컬러)
② 쪽집게
③ 마스카라
④ 아이라이너

뷰러로 본래 속눈썹을 컬링 한 후 인조 속눈썹을 붙이거나, 붙인 후 같이 집어주면 자연스럽게 연결된다. 마스카라를 덧바르기도 한다. 도구로는 뷰러가 적합하다.

화장품 사용 시 펌프형 용기를 사용하는 주된 이유는?

① 디자인이 예뻐서
② 내용물이 공기와 접촉하는 것을 줄여 변질을 막기 위해
③ 가격을 높이기 위해
④ 양을 많이 나오게 하기 위해

펌프형이나 진공 용기는 내용물의 산화와 오염을 방지하여 위생적이다.

얼굴의 형태 중 가장 이상적인 달걀형 얼굴의 특징은?

① 가로와 세로의 비율이 1 : 1이다.
② **이마, 코, 턱의 비율이 1 : 1 : 1로 균형을 이룬다.**
③ 광대뼈가 넓고 턱이 뾰족하다.
④ 턱이 각지고 이마가 좁다.

이상적인 얼굴형은 상안, 중안, 하안의 비율이 1:1:1이다.

블러셔를 하는 위치와 효과에 대한 설명으로 옳은 것은?

① 얼굴 외곽에 어두운 색을 발라 얼굴을 작아 보이게 하는 것은 하이라이트다.
② **광대뼈를 감싸듯 사선으로 바르면 성숙하고 세련된 느낌을 준다.**
③ 눈 밑 바로 아래에 둥글게 바르면 나이 들어 보인다.
④ 콧등에 바르면 코가 높아 보인다.

사선 방향의 블러셔는 세련되고 성숙한 이미지를 준다. 얼굴 외곽 어두운 색은 쉐이딩이다.

다음 중 웜톤 피부에 가장 잘 어울리는 립스틱 색상은?

① 핫핑크
② **오렌지**
③ 푸시아
④ 라벤더

웜톤은 오렌지, 코랄 계열이 어울리며 나머지는 쿨톤 색상이다.

금속성 미용 기구 소독에 가장 적합하지 않은 것은?

① 승홍수
② 크레졸수
③ 에탄올
④ **차아염소산나트륨**

차아염소산나트륨은 금속을 부식시킨다.

다음 중 미용사의 업무 범위에 해당하지 않는 것은?

① 머리카락 자르기
② 파마
③ **점 빼기**
④ 메이크업

의료 기기를 이용한 시술이나 점 빼기 등은 의료 행위이므로 미용사의 업무가 아니다.

파운데이션을 바를 때 얼굴과 목의 경계를 자연스럽게 하기 위해 색상을 맞추는 기준 위치는?

① 이마 중앙
② **턱선**
③ 콧등
④ 눈 밑

파운데이션 색상을 고를 때는 턱선에 발라 얼굴색과 목색이 자연스럽게 연결되는지 확인한다.

1920년대 메이크업 특징으로, 가늘게 처진 눈썹과 검붉은 입술 등 퇴폐적이고 반항적인 이미지를 추구했던 스타일은?

① 펑크 스타일
② 히피 스타일
③ **플래퍼 스타일**
④ 모던 스타일

1920년대에는 제1차 세계대전 이후 여성들의 사회 진출과 함께 단발머리와 가늘고 처진 눈썹, 짙은 입술의 플래퍼 룩이 유행했다.

피부 노화의 외적 요인 중 가장 큰 영향을 미치는 것은?

① 스트레스
② 수면 부족
③ 흡연
④ **자외선**

광노화라 불리는 자외선에 의한 노화는 피부 노화의 주된 외적 요인이다.

눈꼬리가 처진 눈을 수정하기 위한 아이라인 기법은?

① 눈꼬리 부분을 올려서 그린다.
② 눈꼬리 부분을 내려서 그린다.
③ 눈 앞머리를 강조해서 그린다.
④ 언더라인 전체를 진하게 그린다.

처진 눈은 아이라인 꼬리 부분을 살짝 올려 그려서 눈매가 올라가 보이게 보정한다.

모발의 성장 주기 중 모발이 탈락하고 새로운 모발이 발생하기 위해 준비하는 시기는?

① 성장기
② 퇴화기
③ 휴지기
④ 발생기

휴지기는 모유두와 모근이 분리되어 모발이 빠지고 새로운 모발 생성을 준비하는 시기다.

메이크업의 순서로 가장 일반적인 것은?

① 파운데이션 - 메이크업 베이스 - 파우더 - 포인트 메이크업
② 메이크업 베이스 - 파운데이션 - 파우더 - 포인트 메이크업
③ 파우더 - 메이크업 베이스 - 파운데이션 - 포인트 메이크업
④ 메이크업 베이스 - 파우더 - 파운데이션 - 포인트 메이크업

기초 후 메이크업 베이스로 피부톤 보정, 파운데이션으로 커버, 파우더로 고정 후 눈, 입술 등 포인트 메이크업을 한다.

클렌징의 마지막 단계에서 화장솜에 묻혀 닦아내거나 두드려 흡수시키는 제품은?

① 클렌징 오일
② 클렌징 폼
③ 토너
④ 아이 리무버

클렌징 후 잔여물을 닦아내고 피부결을 정돈하기 위해 토너(화장수)를 사용한다.

#아이라인 수정 기법

눈과 눈 사이가 먼 경우의 아이라인 수정 기법은?

✎ **눈 앞머리 쪽 아이라인을 강조하여 그린다.**
② 눈 꼬리를 길게 뺀다.
③ 눈 꼬리 쪽에 포인트를 준다.
④ 눈 두덩 전체에 밝은 색을 바른다.

미간이 넓은 경우 눈 앞머리까지 아이라인을 꼼꼼히 채우거나 앞트임 효과를 주어 시선을 안쪽으로 모은다.

#미용업소 내 조명 기준

미용업소 내의 조명 기준은?

① 50룩스 이상
✎ **75룩스 이상**
③ 100룩스 이상
④ 150룩스 이상

영업장 안의 조명도는 75룩스 이상이어야 한다.

#미용 기구의 소독 기준

미용 기구의 소독 기준으로 옳은 것은?

① 자외선 소독은 1분 이상 한다.
✎ **열탕 소독은 100℃ 물에 10분 이상 끓인다.**
③ 에탄올 소독은 30% 수용액을 사용한다.
④ 석탄산수는 10% 수용액을 사용한다.

열탕 소독은 100℃ 이상 물속에서 10분 이상 끓여야 한다.

#화장품 보관 방법

화장품 보관 방법으로 올바르지 않은 것은?

① 직사광선이 닿지 않는 서늘한 곳에 보관한다.
② 사용 후에는 반드시 뚜껑을 닫는다.
❸ **습기가 많은 욕실에 보관하는 것이 좋다.**
④ 유아의 손이 닿지 않는 곳에 둔다.

습기가 많은 곳이나 온도가 높은 곳은 변질의 우려가 있으므로 피해야 한다.

병원체가 세균이 아닌 바이러스인 질병은?

① 장티푸스
② 콜레라
③ 세균성 이질
④ **일본뇌염**

일본뇌염은 바이러스에 의해 감염된다. 나머지는 세균성 질환이다.

미용업 영업자가 준수해야 할 위생 관리 의무로 틀린 것은?

① 소독한 기구와 소독하지 않은 기구는 분리 보관한다.
② 1회용 면도날은 손님 1인에 한해 사용한다.
③ 영업장 내부에 요금표를 게시한다.
④ **점 빼기, 귓볼 뚫기 등의 시술을 제공한다.**

점 빼기, 귓볼 뚫기 등은 의료 행위이므로 미용업소에서 해서는 안 된다.

물리적 소독법 중 가장 강력한 멸균 효과를 가지며 아포까지 사멸시키는 방법은?

① 자비 소독법
② **고압 증기 멸균법**
③ 저온 살균법
④ 일광 소독법

고압 증기 멸균법(121℃, 15~20분)은 모든 미생물과 포자를 파괴하는 완전 멸균법이다.

피부 면역에 관여하는 세포로, 표피의 유극층에 주로 존재하는 세포는?

① 멜라닌 세포
② **랑게르한스 세포**
③ 머켈 세포
④ 각질 형성 세포

랑게르한스 세포는 면역 기능을 담당한다.

하수 오염 지표인 BOD(생물화학적 산소요구량)가 높다는 것의 의미는?

① 물이 깨끗하다.
❷ 물속에 유기물이 많아 오염도가 높다.
③ 용존 산소량이 많다.
④ 물고기가 살기 좋은 환경이다.

BOD가 높다는 것은 분해해야 할 유기물이 많다는 뜻으로 수질 오염이 심함을 의미한다.

다음 중 소독제의 구비 조건으로 옳은 것은?

① 살균력이 약할 것
② 인체에 독성이 있을 것
❸ 침투력이 강할 것
④ 금속을 부식시킬 것

소독제는 살균력이 강하고 침투력이 좋아야 하며, 인체에 해가 없고 기구를 부식시키지 않아야 한다.

미용업소에서 손님에게 제공하는 음용수의 기준으로 부적합한 것은?

① 끓인 물
② 정수기 물
③ 생수
❹ 수돗물(끓이지 않은 것)

끓이지 않은 수돗물은 직접 음용수로 제공하기에 부적합할 수 있어, 보통 끓이거나 정수된 물을 제공해야 한다.

다음 중 눈썹 수정 도구가 아닌 것은?

① 트위저(족집게)
② 눈썹 가위
③ 눈썹 칼
❹ 뷰러

뷰러는 속눈썹을 컬링 하는 도구이며, 눈썹을 다듬거나 수정하는 도구는 아니다. 트위저, 가위, 칼은 눈썹 수정용이다.

성공은 결코 우연이 아니다. 성공은 노력, 인내, 학습, 공부, 희생,
그리고 무엇보다도 자신이 하고 있거나 배우고 있는 일에 대한 사랑이다.
(Success is no accident. It is hard work, perseverance, learning, studying, sacrifice and most of all,
love of what you are doing or learning to do.)

펠레(Pele)

박문각 자격증 시리즈

메이크업미용사 필기
8개년 기출문제집 + 무료특강

초판인쇄	2026. 5. 1.
초판발행	2026. 5. 6.

저자와의
협의 하에
인지 생략

공 저 자	이채영, 마은정, 김연민
발 행 인	박용
출판총괄	김현실
개발책임	이성준
편집개발	김태희, 김소영
마 케 팅	김치환, 최지희
일러스트	㈜ 유미지

발 행 처	㈜ 박문각출판
출판등록	등록번호 제2019-000137호
주 소	06654 서울시 서초구 효령로 283 서경B/D 6층
전 화	(02) 6466-7202
팩 스	(02) 584-2927
홈페이지	www.pmgbooks.co.kr

ISBN	979-11-7519-451-9
정가	15,000원